딱정벌레

나들이도감

세밀화로 그린 보리 산들바다 도감

딱정벌레 나들이도감 3

그림 옥영관

감수 강태화

글 강태화, 김종현

편집 김종현

자료 정리 정진이

기획실 김소영, 김수연, 김용란

디자인 이안디자인

제작 심준엽

영업 안명선, 양병희, 원숙영, 정영지, 조현정

새사업팀 조서연

경영 지원 신종호, 임혜정, 한선희

분해와 출력 · 인쇄 (주)로얄프로세스

제본 (주)상지사 P&B

1판 1쇄 펴낸 날 2021년 4월 15일

펴낸이 유문숙

펴낸 곳 (주) 도서출판 보리

출판등록 1991년 8월 6일 제 9-279호

주소 (10881) 경기도 파주시 직지길 492

전화 (031)955-3535 / **전송** (031)950-9501

누리집 www.boribook.com **전자우편** bori@boribook.com

값 12,000원

보리는 나무 한 그루를 베어 낼 가치가 있는지 생각하며 책을 만듭니다.

ISBN 979-11-6314-191-4 06470 978-89-8428-890-4 (세트)

세밀화로 그린 보리 산들바다 도감

무당벌레와 하늘소 외 198종

딱정벌레

나들이도감

그림 옥영관 | 감수 강태화 | 글 강태화, 김종현

밑빠진벌레과
허리머리대장과
머리대장과
나무쑤시기과
쑤시기붙이과
방아벌레붙이과
버섯벌레과
무당벌레붙이과
무당벌레과
긴썩덩벌레과
왕꽃벼룩과
목대장과
하늘소붙이과
홍날개과
뿔벌레과
가뢰과
혹거저리과
잎벌레붙이과
거저리과
썩덩벌레과
하늘소과

보리

일러두기

1. 이 책에는 우리나라에 사는 딱정벌레 198종이 실려 있습니다. 그림은 성신여대 자연사 박물관에 소장되어 있는 표본과 저자와 감수자가 가지고 있는 표본, 구입한 표본을 보고 그렸습니다. 딱정벌레 가운데 암컷과 수컷 생김새가 다르거나 색깔 변이가 있는 종은 가능한 모두 그렸습니다.
2. 딱정벌레는 분류 차례대로 실었습니다. 딱정벌레 이름과 학명, 분류는 저자 의견과 《한국 곤충 총 목록》(자연과 생태, 2010)을 따랐습니다.
3. 1부에는 딱정벌레 종 하나하나에 대한 생태와 생김새를 설명해 놓았습니다. 2부에는 딱정벌레에 대해 알아야 할 내용을 따로 정리해 놓았습니다.
4. 맞춤법과 띄어쓰기는 국립 국어원 누리집에 있는 《표준국어대사전》을 따랐습니다. 하지만 과 이름에는 사이시옷을 적용하지 않았고, 전문 용어는 띄어쓰기를 하지 않았습니다.

   예. 멸종위기종, 종아리마디, 앞가슴등판

5. 몸길이는 머리부터 꽁무니까지 잰 길이입니다.

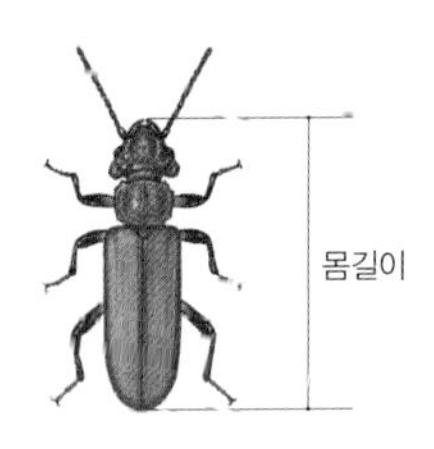

수염머리대장

6. 본문 보기

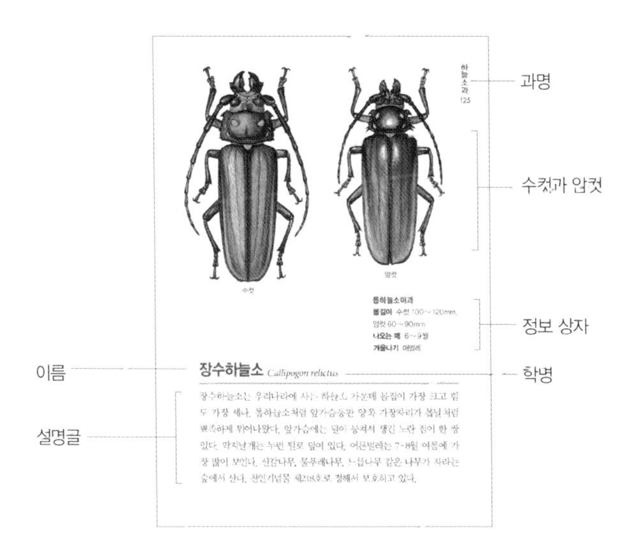
하늘소과
125
과명
수컷과 암컷
수컷
암컷
톱하늘소아과
몸길이 수컷 100~120mm, 암컷 60~90mm
나오는 때 6~9월
겨울나기 애벌레
정보 상자
이름
장수하늘소 Callipogon relictus
학명
장수하늘소는 우리나라에 사는 하늘소 가운데 몸집이 가장 크고 힘도 가장 세다. 톱하늘소처럼 앞가슴등판 양쪽 가장자리가 톱날처럼 뾰족하게 튀어나왔다. 앞가슴에는 털이 뭉쳐서 생긴 노란 점이 한 쌍 있다. 딱지날개는 누런 털로 덮여 있다. 어른벌레는 7~8월 여름에 가장 많이 보인다. 신갈나무, 물푸레나무, 느릅나무 같은 나무가 자라는 숲에서 산다. 천연기념물 제218호로 정해서 보호하고 있다.
설명글

딱정벌레

나들이도감

③

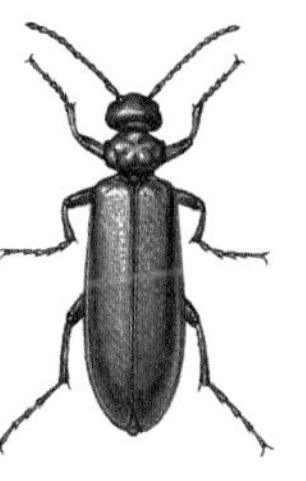

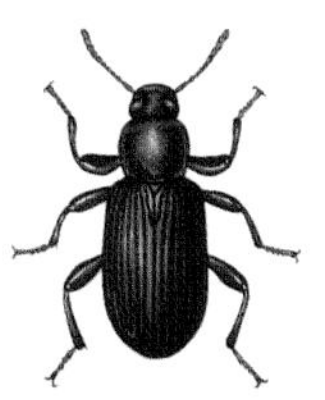

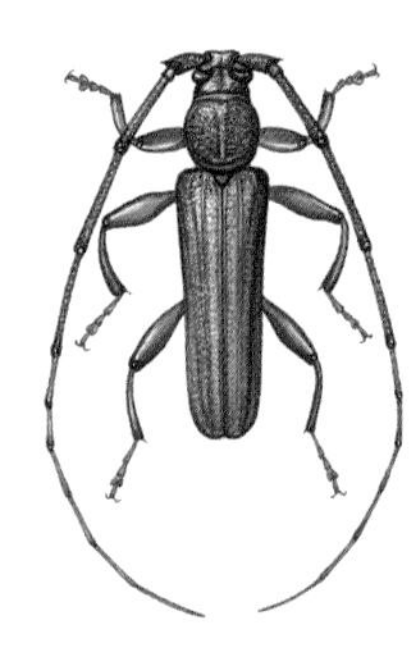

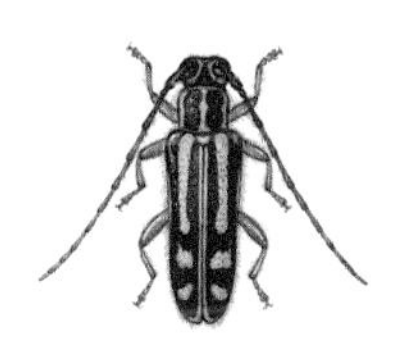

그림으로 찾아보기

밑빠진벌레과

넓적밑빠진벌레아과

검정넓적밑빠진벌레 30

왕검정넓적밑빠진벌레 31

밑빠진벌레아과

둥글납작밑빠진벌레 32

구름무늬납작밑빠진벌레 33

털보꽃밑빠진벌레 33

큰납작밑빠진벌레 34

알밑빠진벌레아과

검정날개알밑빠진벌레 35

무늬밑빠진벌레아과

네무늬밑빠진벌레 36

네눈박이밑빠진벌레 37

허리머리대장과

허리머리대장아과

넓적머리대장 38

머리대장과

머리대장아과

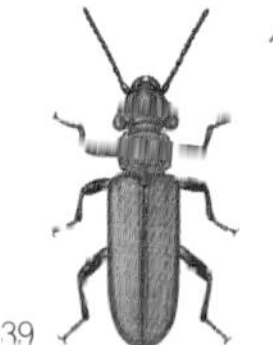
주홍머리대장 39

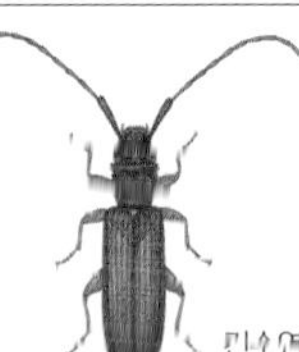
긴수염머리대장 40

곡식쑤시기과

곡식쑤시기아과

곡식쑤시기 41

나무쑤시기과

쑤시기붙이과

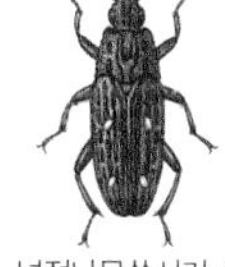

솜털쑤시기붙이 44

고려나무쑤시기 42

넉점나무쑤시기 43

방아벌레붙이과

붉은가슴방아벌레붙이 45

석점박이방아벌레붙이 47

끝검은방아벌레붙이 46

대마도방아벌레붙이 48

버섯벌레과

무늬버섯벌레아과

톱니무늬버섯벌레 49

가는버섯벌레아과

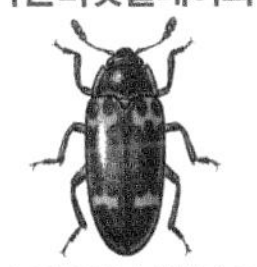

노랑줄왕버섯벌레 50

털보왕버섯벌레 51

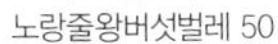

고오람왕버섯벌레 52

모라윗왕버섯벌레 53

시베리아버섯벌레아과

제주붉은줄버섯벌레 54

무당벌레붙이과

어리무당벌레붙이아과

무당벌레붙이 55

무당벌레과

애기무당벌레아과

방패무당벌레 56

쌍점방패무당벌레 57

홍점무당벌레아과

애홍점박이무당벌레 58

홍점박이무당벌레 59

홍테무당벌레아과

홍테무당벌레 60

무당벌레아과

남생이무당벌레 61

달무리무당벌레 62

네점가슴무당벌레 63

유럽무당벌레 64

열닷점박이무당벌레 65

십일점박이무당벌레 66

칠성무당벌레 67

무당벌레 68

열석점긴나리무당벌레 69

[illegible]리무당벌레 70

큰황색가슴무당벌레 71

노랑육점박이무당벌레 72

꼬마남생이무당벌레 73

큰꼬마남생이무당벌레 74

긴점무당벌레 75

노랑무당벌레 76

십이흰점무당벌레 77

무당벌레붙이아과

중국무당벌레 78

곱추무당벌레 79

큰이십팔점박이무당벌레 80

이십사점콩알무당벌레 80

긴썩덩벌레과

긴썩덩벌레아과

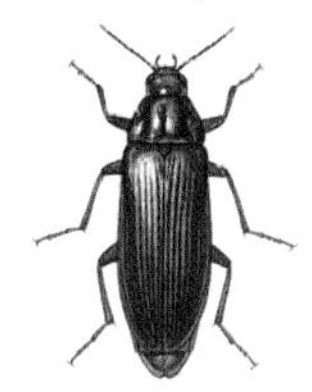

긴썩덩벌레 81

왕꽃벼룩과

왕꽃벼룩 82

목대장과

목대장 83

하늘소붙이과

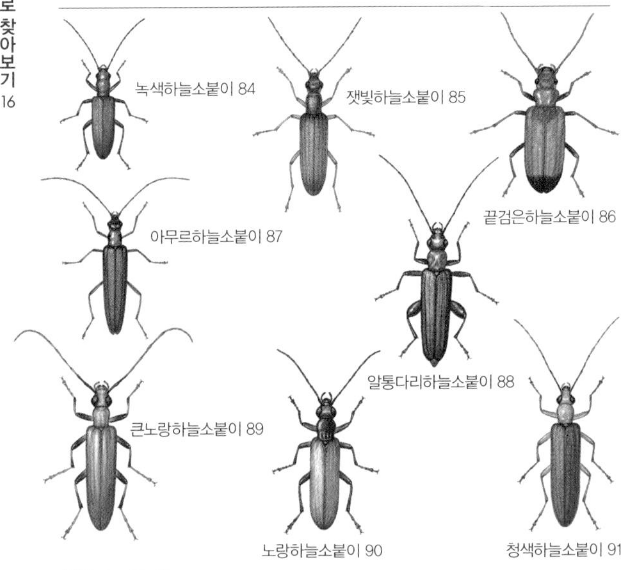

홍날개과

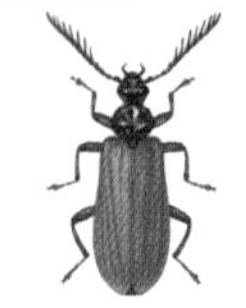

홍다리붙이홍날개 92

애홍날개 93

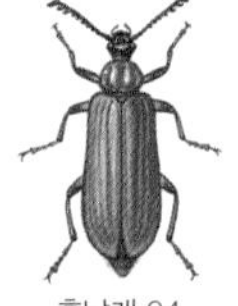

홍날개 94

뿔벌레과

뿔벌레 95

무늬뿔벌레 96

가뢰과

가뢰아과

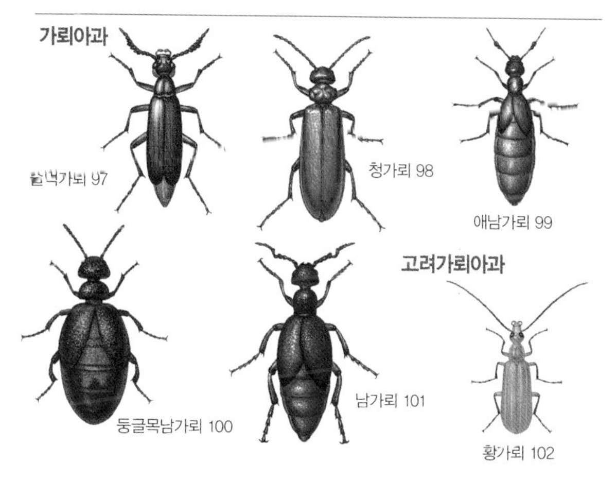

줄먹가뢰 97

청가뢰 98

애남가뢰 99

둥글목남가뢰 100

남가뢰 101

고려가뢰아과

황가뢰 102

혹거저리과

혹거저리아과

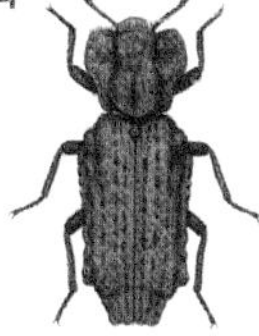

혹거저리 103

잎벌레붙이과

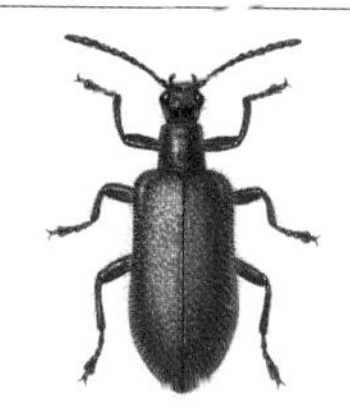

큰남색잎벌레붙이 104

납작거저리과

납작거저리 105

거저리과

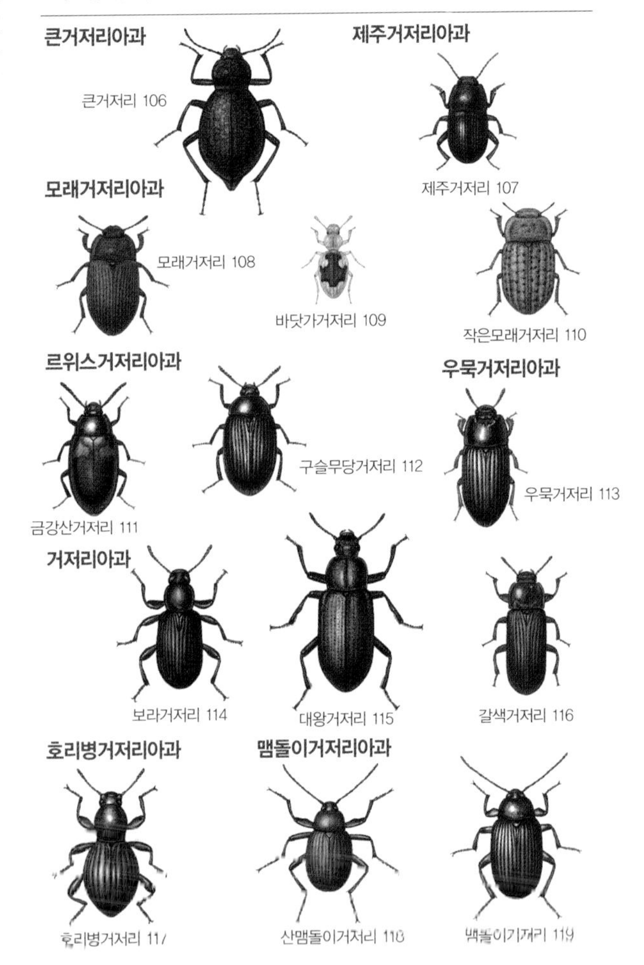
큰거저리아과
큰거저리 106
제주거저리아과
제주거저리 107
모래거저리아과
모래거저리 108
바닷가거저리 109
작은모래거저리 110
르위스거저리아과
금강산거저리 111
구슬무당거저리 112
우묵거저리아과
우묵거저리 113
거저리아과
보라거저리 114
대왕거저리 115
갈색거저리 116
호리병거저리아과
호리병거저리 117
맴돌이거저리아과
산맴돌이거저리 118
맴돌이거저리 119

강변거저리아과

강변거저리 120

별거저리아과

별거저리 121

썩덩벌레과

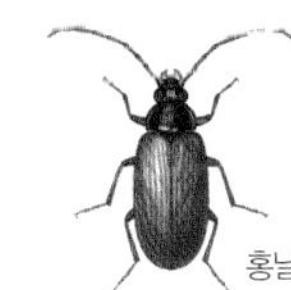

홍날개썩덩벌레 122

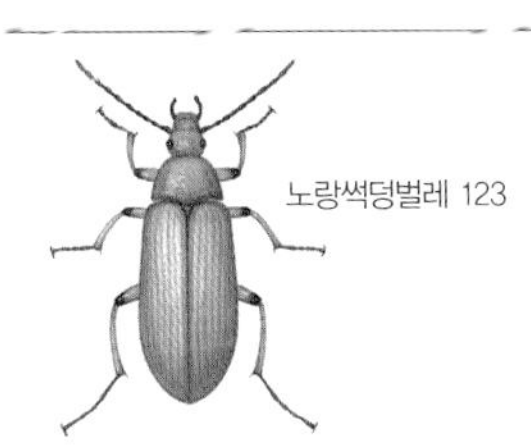

노랑썩덩벌레 123

하늘소과

깔따구하늘소아과

톱하늘소아과

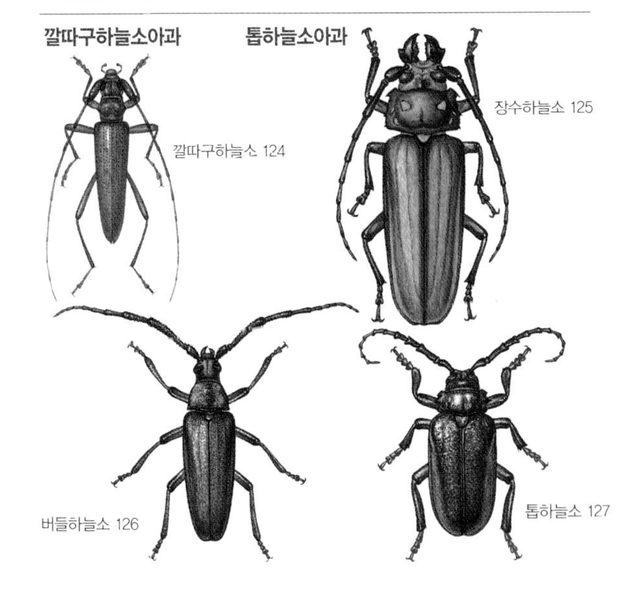

깔따구하늘소 124

장수하늘소 125

버들하늘소 126

톱하늘소 127

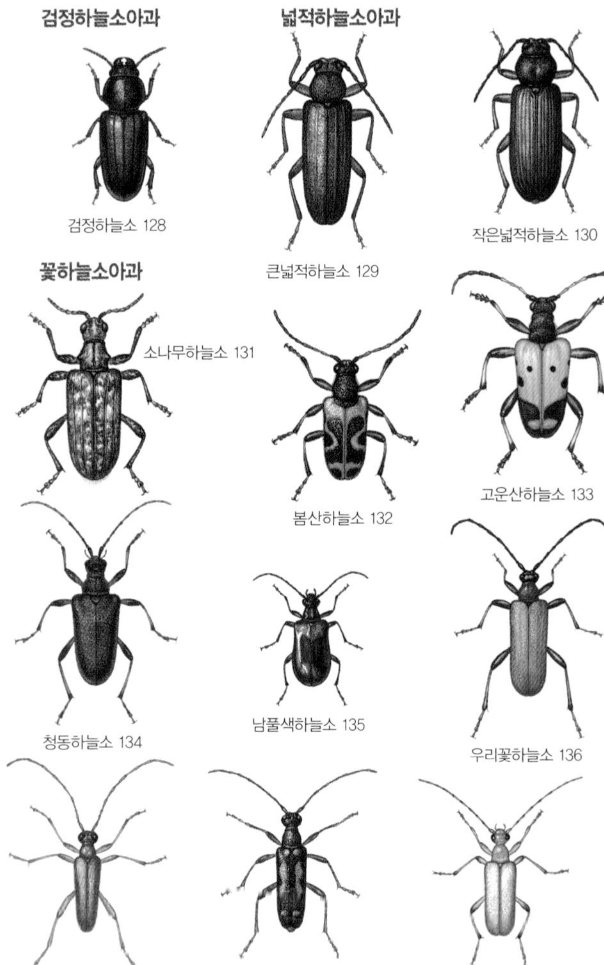
검정하늘소아과
넓적하늘소아과
검정하늘소 128
큰넓적하늘소 129
작은넓적하늘소 130
꽃하늘소아과
소나무하늘소 131
봄산하늘소 132
고운산하늘소 133
청동하늘소 134
남풀색하늘소 135
우리꽃하늘소 136
산각시하늘소 138
노랑각시하늘소 139

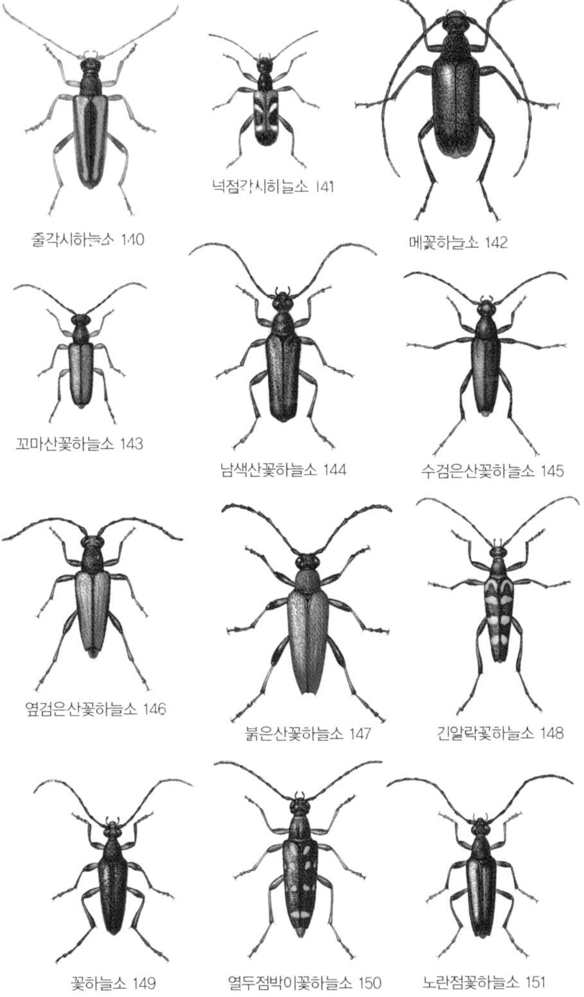
줄각시하늘소 140
넉점각시하늘소 141
메꽃하늘소 142
꼬마산꽃하늘소 143
남색산꽃하늘소 144
수검은산꽃하늘소 145
옆검은산꽃하늘소 146
붉은산꽃하늘소 147
긴알락꽃하늘소 148
꽃하늘소 149
열두점박이꽃하늘소 150
노란점꽃하늘소 151

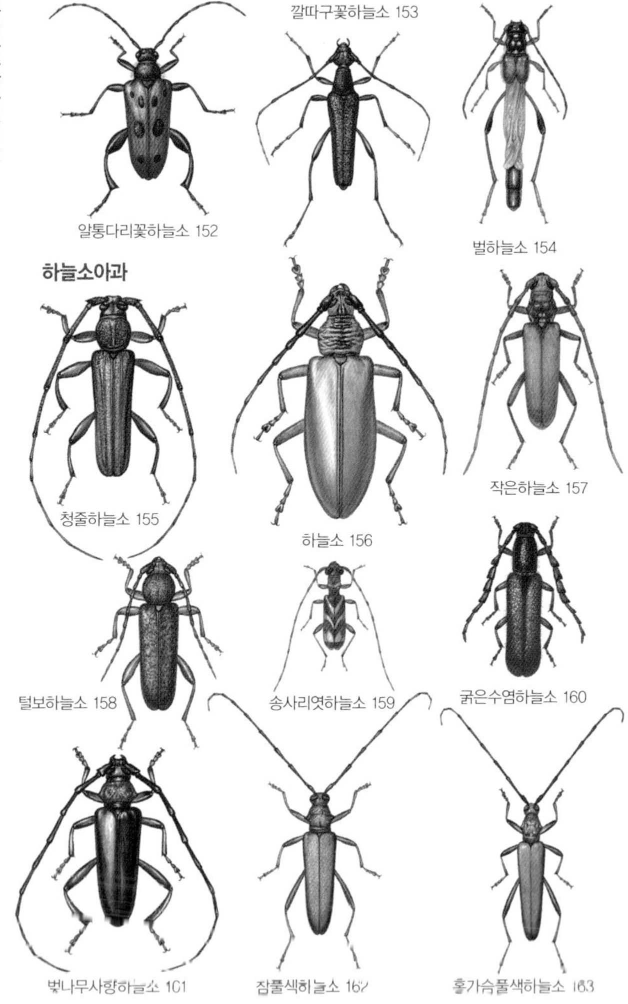
깔따구꽃하늘소 153
알통다리꽃하늘소 152
벌하늘소 154
하늘소아과
청줄하늘소 155
하늘소 156
작은하늘소 157
털보하늘소 158
송사리엿하늘소 159
굵은수염하늘소 160
벚나무사향하늘소 161
참풀색하늘소 162
홍가슴풀색하늘소 163

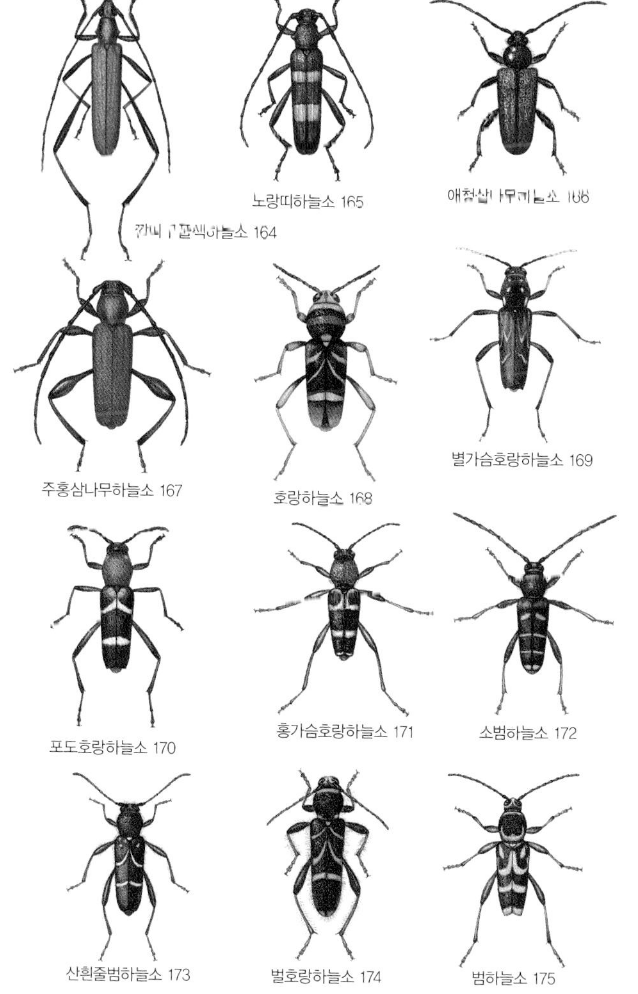

깔따구풀색하늘소 164
노랑띠하늘소 165
애청삼나무하늘소 166
주홍삼나무하늘소 167
호랑하늘소 168
별가슴호랑하늘소 169
포도호랑하늘소 170
홍가슴호랑하늘소 171
소범하늘소 172
산흰줄범하늘소 173
벌호랑하늘소 174
범하늘소 175

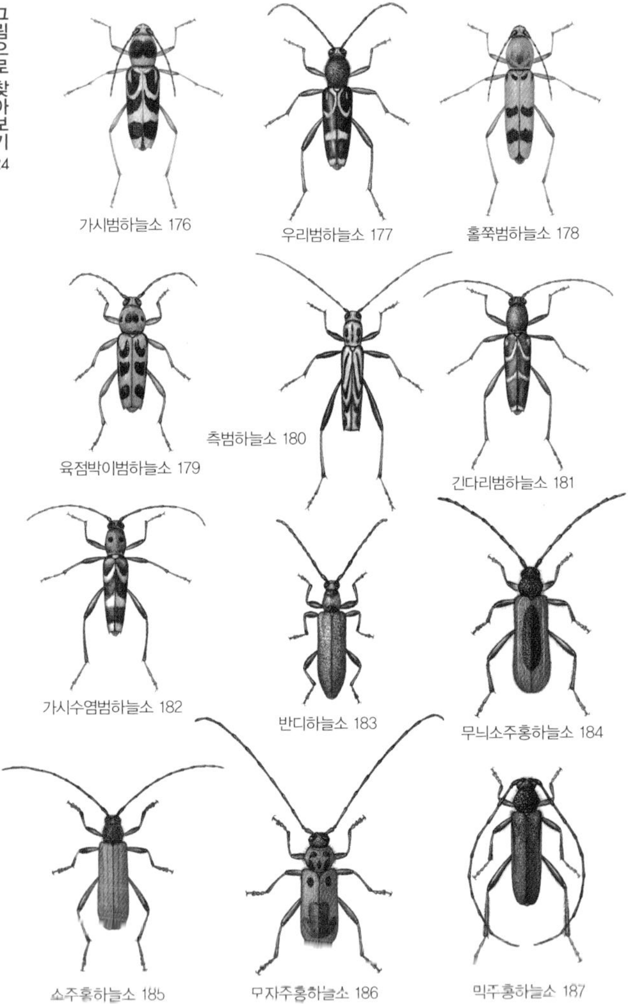
가시범하늘소 176
우리범하늘소 177
홀쭉범하늘소 178
육점박이범하늘소 179
측범하늘소 180
긴다리범하늘소 181
가시수염범하늘소 182
반디하늘소 183
무늬소주홍하늘소 184
소주홍하늘소 185
모자주홍하늘소 186
먹주홍하늘소 187

목하늘소아과

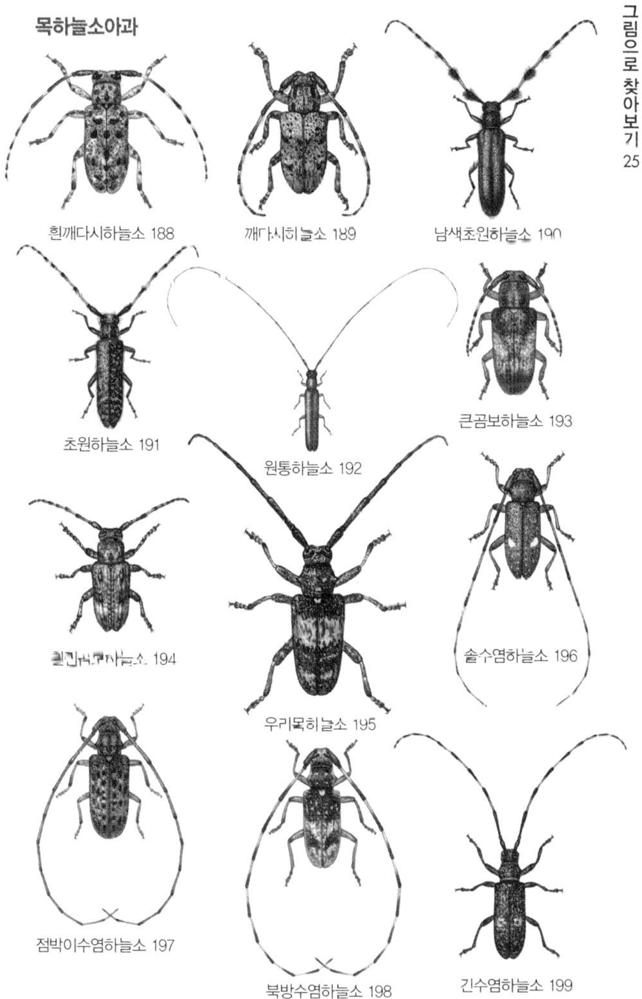

흰깨다시하늘소 188

깨다시하늘소 189

남색초원하늘소 190

초원하늘소 191

원통하늘소 192

큰곰보하늘소 193

[illegible]하늘소 194

우리목하늘소 195

솔수염하늘소 196

점박이수염하늘소 197

북방수염하늘소 198

긴수염하늘소 199

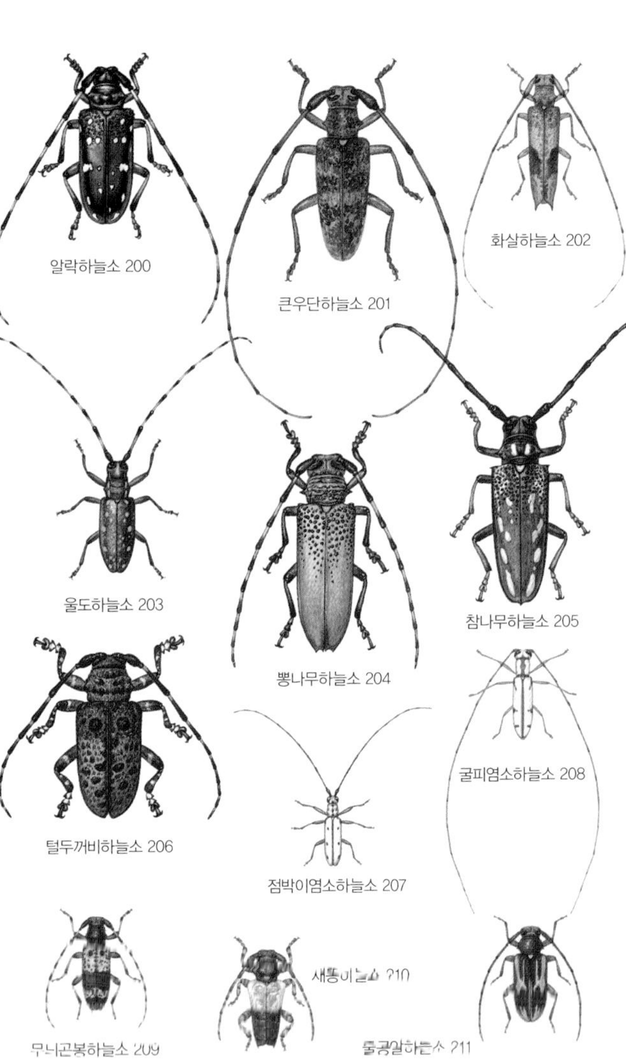
알락하늘소 200
큰우단하늘소 201
화살하늘소 202
울도하늘소 203
뽕나무하늘소 204
참나무하늘소 205
털두꺼비하늘소 206
점박이염소하늘소 207
굴피염소하늘소 208
무늬곤봉하늘소 209
새똥하늘소 210
줄콩알하늘소 211

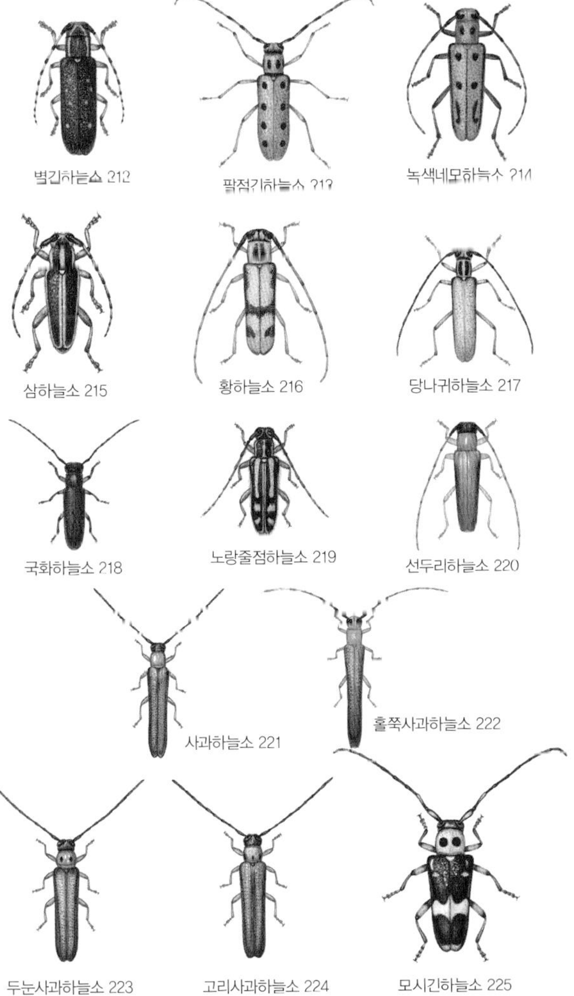

별긴하늘소 212
팔점긴하늘소 213
녹색네모하늘소 214
삼하늘소 215
황하늘소 216
당나귀하늘소 217
국화하늘소 218
노랑줄점하늘소 219
선두리하늘소 220
사과하늘소 221
홀쭉사과하늘소 222
두눈사과하늘소 223
고리사과하늘소 224
모시긴하늘소 225

우리 땅에 사는 딱정벌레

밑빠진벌레과

허리머리대장과

머리대장과

곡식쑤시기과

나무쑤시기과

쑤시기붙이과

방아벌레붙이과

버섯벌레과

무당벌레붙이과

무당벌레과

긴썩덩벌레과

왕꽃벼룩과

목대장과

하늘소붙이과

홍날개과

뿔벌레과

가뢰과

혹거저리과

잎벌레붙이과

넓적거저리과

거저리과

썩덩벌레과

하늘소과

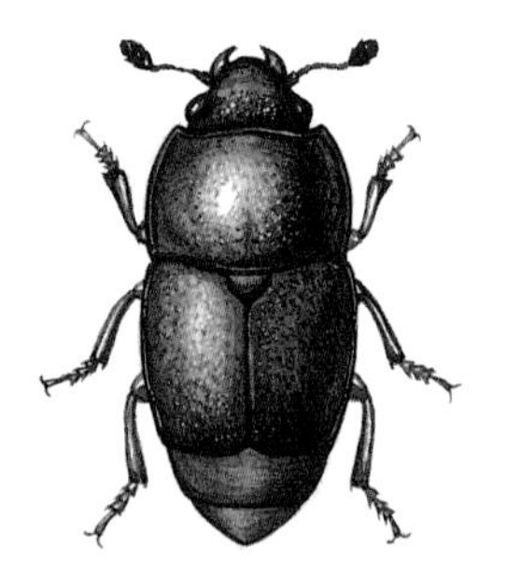

넓적밑빠진벌레아과
몸길이 4~5mm
나오는 때 4~8월
겨울나기 모름

검정넓적밑빠진벌레 *Carpophilus chalybeus*

검정넓적밑빠진벌레는 온몸이 새까맣다. 딱지날개가 짧아서 배를 다 덮지 못하고 배마디가 드러난다.

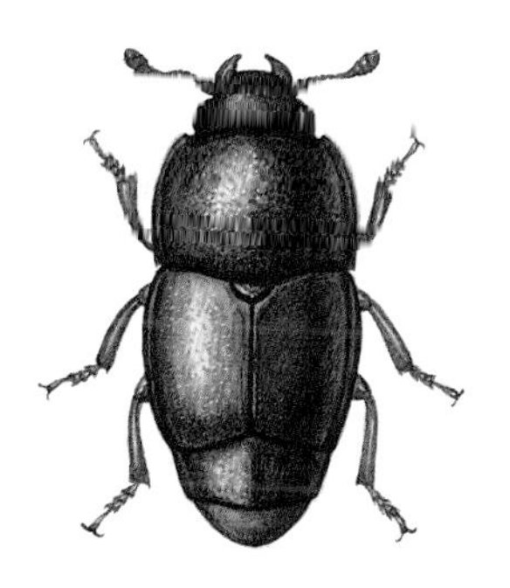

넓적밑빠진벌레아과
몸길이 5mm 안팎
나오는 때 모름
겨울나기 모름

왕검정넓적밑빠진벌레 *Carpophilus triton*

왕검정넓적밑빠진벌레는 온몸이 까만데 밤빛이 살짝 돈다. 밑빠진벌레 무리는 우리나라에 53종이 산다고 알려졌다. 어른벌레나 애벌레 모두 꽃가루나 썩은 과일, 나뭇진, 동물 주검, 썩은 나무에 붙은 균류 따위를 먹고 산다.

밑빠진벌레아과
몸길이 4~6mm
나오는 때 6~9월
겨울나기 모름

둥글납작밑빠진벌레 *Amphicrossus lewisi*

둥글납작밑빠진벌레는 온몸이 짙은 밤색이다. 몸은 둥그렇고 등이 불룩 솟았다. 어른벌레는 나뭇진에 곧잘 모인다.

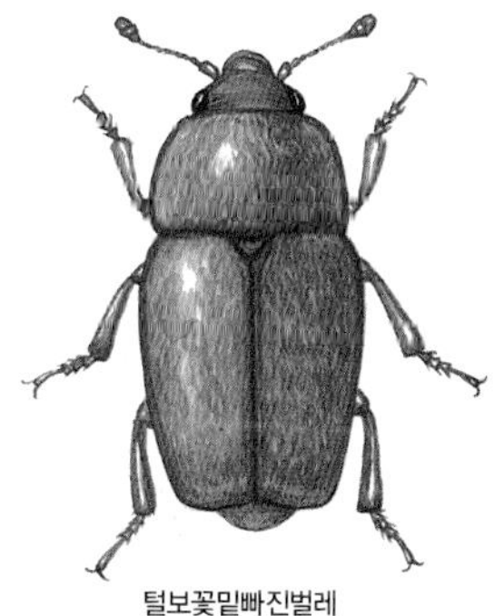

털보꽃밑빠진벌레
Epuraea mandibularis

밑빠진벌레아과
몸길이 3~4mm
나오는 때 4~8월
겨울나기 모름

구름무늬납작밑빠진벌레 *Omosita japonica*

구름무늬납작밑빠진벌레는 딱지날개 뒤쪽에 커다란 하얀 무늬가 있다. 더듬이 끝 세 마디는 곤봉처럼 불룩하다.

밑빠진벌레아과
몸길이 6～9mm
나오는 때 5～10월
겨울나기 모름

큰납작밑빠진벌레 *Soronia fracta*

큰납작밑빠진벌레는 몸이 알처럼 둥글지만 위아래로 납작하다. 딱지날개에 누런 무늬들이 있다. 수컷은 앞다리 종아리마다 앞쪽이 넓고 안쪽으로 구부러졌다. 어른벌레는 넓은잎나무 숲에서 보인다. 어른벌레나 애벌레 모두 참나무나 너도밤나무에 흐르는 나뭇진에서 산다. 밤에 나와 돌아다닌다. 애벌레는 땅속으로 들어가 번데기가 된다.

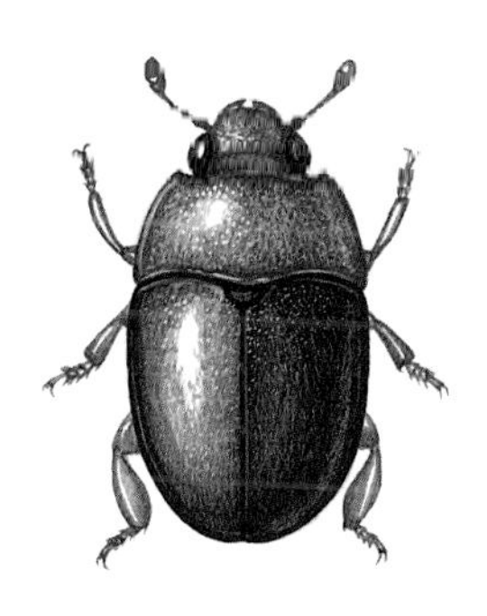

알밑빠진벌레아과
몸길이 3mm 안팎
나오는 때 4~7월
겨울나기 모름

검정날개알밑빠진벌레 *Meligethes flavicollis*

검정날개알밑빠진벌레는 앞가슴이 빨갛고, 딱지날개는 까맣다. 몸은 알처럼 동그랗다. 온몸에는 짧고 부드러운 털이 산뜩 나 있다. 더듬이는 11마디이고, 마지막 세 마디는 곤봉처럼 부풀었다. 어른벌레는 이른 봄에 꽃에 날아와 꽃가루를 먹는다. 이른 봄에 피는 진달래, 피나무, 노루귀 같은 꽃에서 보인다.

무늬밑빠진벌레아과
몸길이 5~7mm
나오는 때 5~8월
겨울나기 모름

네무늬밑빠진벌레 *Glischrochilus ipsoides*

네무늬밑빠진벌레는 딱지날개에 주황색 무늬가 앞뒤로 두 쌍 있다. 산에서 볼 수 있다. 어른벌레는 나뭇진에 모여 핥아 먹는다. 다 자란 애벌레는 땅속에 들어가 번데기가 된다.

무늬밑빠진벌레아과
몸길이 7~14㎜
나오는 때 5~10월
겨울나기 애벌레

네눈박이밑빠진벌레 *Glischrochilus japonicus*

네눈박이밑빠진벌레는 딱지날개에 빨간 무늬 두 쌍이 양쪽으로 서로 마주 나 있다. 네무늬밑빠진벌레와 닮았지만, 네눈박이밑빠진벌레는 딱지날개 앞쪽 빨간 무늬가 ㅅ자처럼 생겨서 다르다. 어른벌레는 넓은잎나무 숲에서 볼 수 있다. 나무 틈이나 구멍에 숨어 있다가 밤에 나와서 나뭇진을 먹는다. 애벌레로 겨울을 난다고 한다.

허리머리대장아과
몸길이 3～5mm
나오는 때 5～8월
겨울나기 모름

넓적머리대장 *Laemophloeus submonilis*

넓적머리대장은 온몸이 짙은 밤색이다. 딱지날개 가운데에 노란 무늬가 세로로 나 있다. 머리대장이라는 이름처럼 머리가 크다. 더듬이는 몸길이보다 길다. 몸은 위아래로 납작하다. 어른벌레는 나무껍질 밑에 살면서 다른 힘없는 곤충을 잡아먹는다. 어른벌레는 가끔 밤에 불빛으로 날아온다. 우리나라에는 허리머리대장과에 5종이 산다.

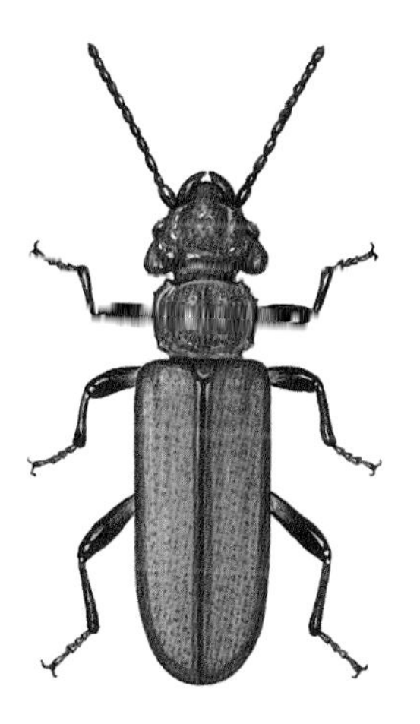

머리대장아과
몸길이 10~15mm
나오는 때 4~6월
겨울나기 모름

주홍머리대장 *Cucujus coccinatus*

주홍머리대장은 온몸이 빨갛다. 다리와 더듬이는 까맣다. 머리에는 여기저기 울퉁불퉁 혹이 튀어나왔다. 딱지날개는 길쭉하고, 거친 홈이 파여 있다. 어른벌레는 소나무를 잘라 쌓아 놓은 무더기에서 자주 보인다. 맑은 날에는 낮에 날아다니기도 한다. 몸이 납작해서 나무 틈에 잘 숨는다.

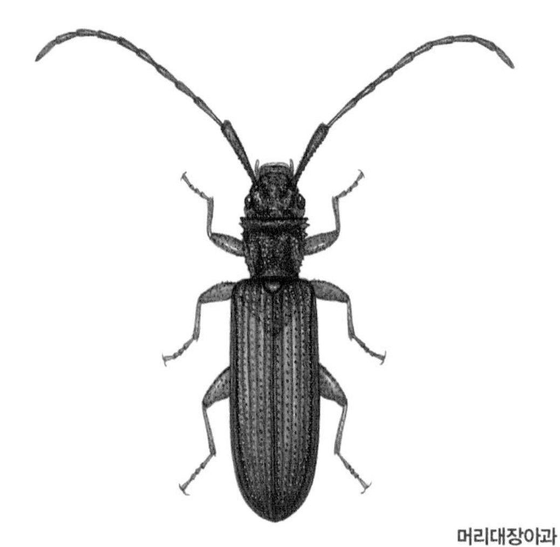

머리대장아과
몸길이 10～15mm
나오는 때 4～6월
겨울나기 모름

긴수염머리대장 *Cryptolestes pusillus*

긴수염머리대장은 이름처럼 더듬이가 몸길이보다 길다. 머리대장은 몸에 비해 머리가 크다고 붙은 이름이다. 다른 머리대장처럼 나무껍질 밑에서 살면서 다른 곤충 애벌레를 잡아먹는다.

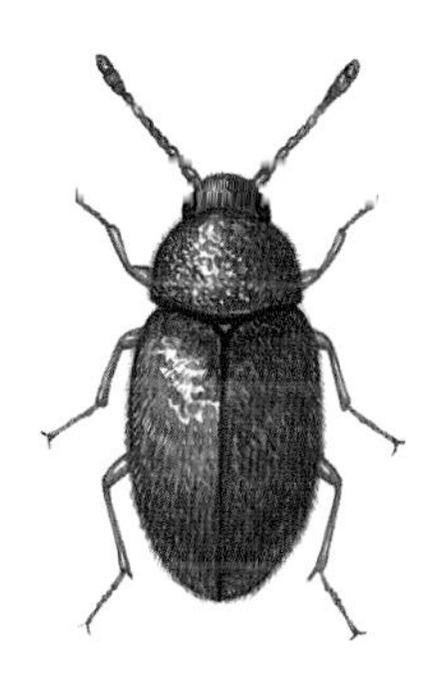

곡식쑤시기아과
몸길이 2~3mm
나오는 때 모름
겨울나기 모름

곡식쑤시기 *Cryptophagus cellaris*

곡식쑤시기과 무리는 갈부리한 곡식이나 균, 썩은 물질을 먹고 산다. 곡식쑤시기는 온몸이 붉은 밤색이다. 더듬이는 염주알처럼 동글동글한 마디가 이어져 있다. 곡식쑤시기과 무리는 생김새가 닮아서 종을 가려내기가 어렵다. 곡식을 사고팔면서 온 세계로 퍼졌다.

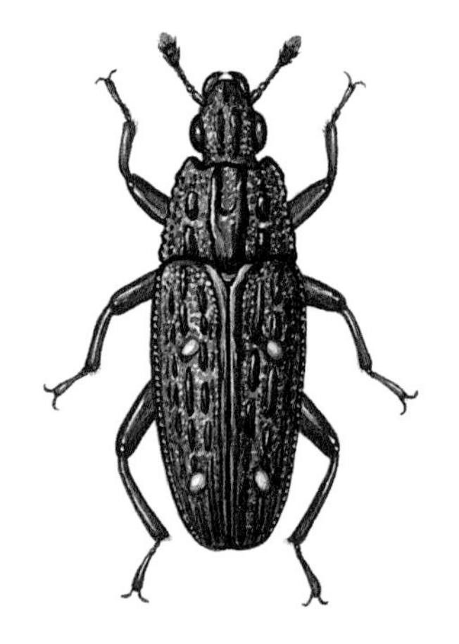

몸길이 12 ~ 16mm
나오는 때 4 ~ 10월
겨울나기 어른벌레

고려나무쑤시기 *Helota fulviventris*

고려나무쑤시기는 온 나라 참나무 숲에서 볼 수 있다. 나무껍질 틈에 숨어 살면서 밤에 되면 나와 나뭇진을 빨아 먹는다. 짝짓기를 마친 암컷은 나무껍질 밑에 알을 낳고 죽는다. 알에서 깨어난 애벌레는 나무껍질 밑에 살면서, 나뭇진에 꼬이는 파리 애벌레나 힘없는 벌레를 잡아먹는다. 다 자란 애벌레는 6월 여름 들머리에 나무줄기가 움푹 파인 곳이나 나무껍질 밑에 들어가 번데기가 된다. 7~8월 한여름에 어른벌레로 날개돋이 한다. 겨울이 되면 나무껍질 밑에서 겨울잠을 잔다.

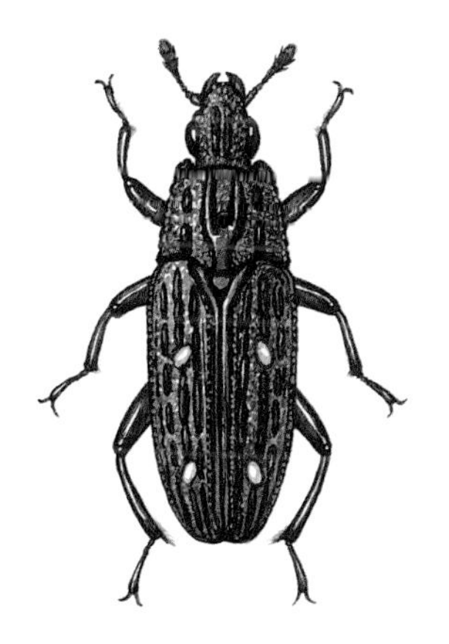

몸길이 11 ~ 15mm
나오는 때 8월쯤
겨울나기 모름

넉점나무쑤시기 *Helota gemmata*

넉점나무쑤시기는 고려나무쑤시기와 생김새가 닮았다. 딱지날개에 있는 줄이 가늘고 일정하게 나 있고, 노란 점이 두 쌍 있다. 날개 끝이 수컷은 둥글지만 암컷은 뾰족하다.

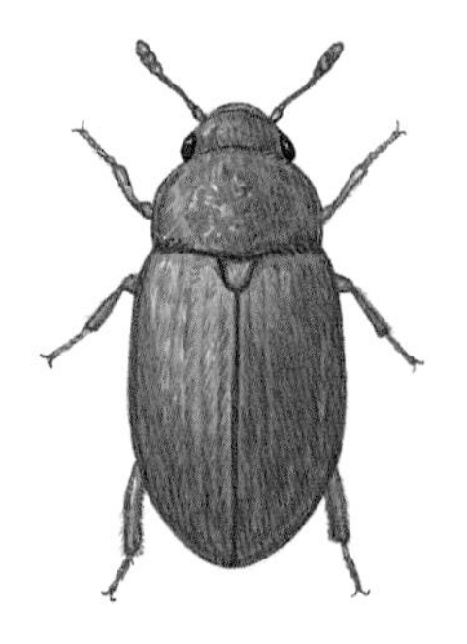

몸길이 3～5mm
나오는 때 4～6월
겨울나기 번데기

솜털쑤시기붙이 *Byturus tomentosus*

솜털쑤시기붙이는 온몸에 노란 털이 솜털처럼 잔뜩 나 있다. 꽃에 자주 날아온다. 어른벌레나 애벌레 모두 식물을 갉아 먹는다. 짝짓기를 마친 암컷은 꽃에 알을 낳는다고 한다.

몸길이 3~5mm
나오는 때 5~7월
겨울나기 모름

붉은가슴방아벌레붙이 *Anadastus atriceps*

붉은가슴방아벌레붙이는 딱지날개가 까맣게 번쩍거린다. 빛을 받으면 푸르스름한 빛깔을 띤다. 앞가슴등판과 다리 허벅지마디 뿌리가 빨갛다. 석점박이방아벌레붙이와 닮았는데, 붉은가슴방아벌레붙이는 다리 허벅지마디가 빨갛다. 풀밭이나 숲 가장자리에서 보인다.

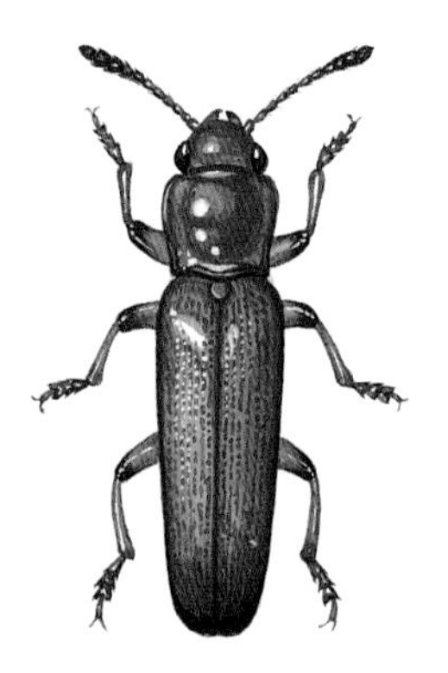

몸길이 11mm 안팎
나오는 때 7～10월
겨울나기 모름

끝검은방아벌레붙이 *Anadastus praeustus*

끝검은방아벌레붙이는 온몸이 붉은 밤색인데, 이름처럼 딱지날개 끝과 다리마디가 까맣다. 앞가슴등판은 둥그스름하다. 몸은 길쭉하다. 산속 풀밭이나 숲 가장자리에서 보인다.

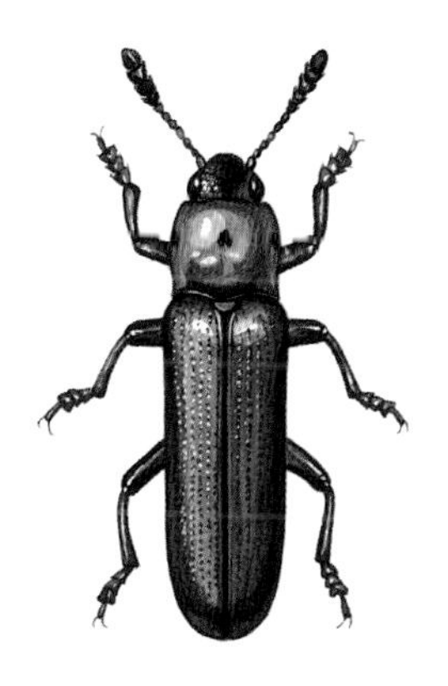

몸길이 12mm 안팎
나오는 때 5~7월
겨울나기 모름

석점박이방아벌레붙이 *Tetraphala collaris*

석점박이방아벌레붙이는 이름처럼 빨간 앞가슴등판에 까만 점이 3개 있다. 딱지날개는 파랗고 뒤쪽으로 갈수록 폭이 좁아진다. 더듬이는 염주처럼 동글동글한 마디가 이어진다. 머리와 더듬이와 다리는 까맣다. 붉은가슴방아벌레붙이와 닮았다. 산길이나 숲 가장자리에서 보인다. 짝짓기를 마친 암컷은 딱총나무 줄기에 구멍을 뚫고 알을 낳는다. 알에서 나온 애벌레는 줄기 속을 파먹으며 큰다. 한 해에 한 번 날개돋이 한다.

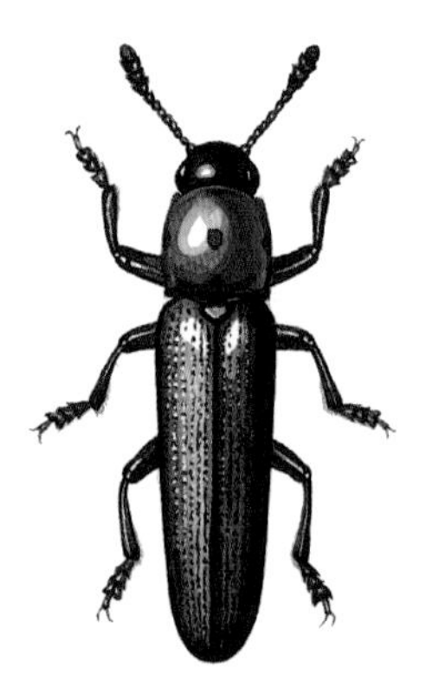

몸길이 11～13mm
나오는 때 4～5월
겨울나기 모름

대마도방아벌레붙이 *Tetraphala fryi*

대마도방아벌레붙이는 석점박이방아벌레붙이와 닮았다. 석점박이방아벌레붙이는 더듬이 끄트머리 4마디가 곤봉처럼 부풀었는데, 대마도방아벌레붙이는 더듬이 끄트머리 5마디가 곤봉처럼 부풀었다. 앞가슴등판은 빨갛고 가운데에 까만 점이 있다. 머리와 딱지날개는 푸르스름한 검은색으로 반짝거린다. 우리나라 중부와 남부 지방에서 보인다.

무늬버섯벌레아과
몸길이 5～7mm
나오는 때 4～10월
겨울나기 어른벌레

톱니무늬버섯벌레 *Aulacochilus luniferus decoratus*

톱니무늬버섯벌레는 딱지날개에 빨간 무늬가 마치 톱니처럼 나 있다. 낮은 산에서 자라는 버섯이나 나무껍질 틈에서 산다. 짝짓기를 마친 암컷은 버섯 갓 밑에 있는 주름 사이에 알을 낳는다. 알에서 나온 애벌레도 버섯을 먹고 자란다. 다 자란 애벌레는 버섯 속에서 번데기가 된 뒤 2주쯤 지나면 어른벌레로 날개돋이 한다. 날씨가 추워지면 나무껍질 밑에서 어른벌레로 겨울을 난다. 한평생 버섯을 벗어나지 않는다.

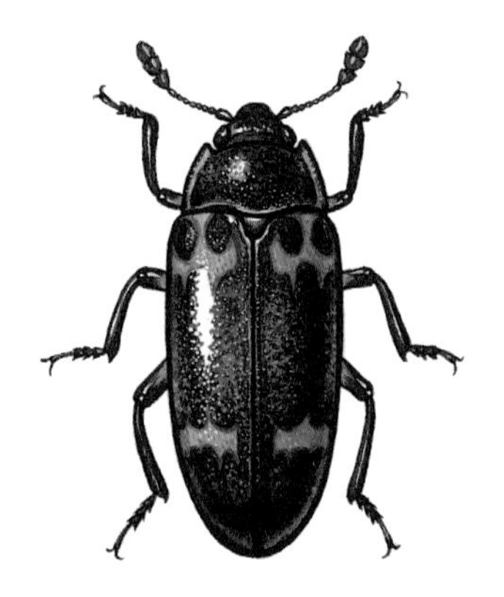

가는버섯벌레아과
몸길이 9~13mm
나오는 때 6~10월
겨울나기 어른벌레

노랑줄왕버섯벌레 *Episcapha flavofasciata flavofasciata*

노랑줄왕버섯벌레는 딱지날개 어깨에 있는 까만 점무늬가 누런 무늬에 완전히 둘러싸여 있다. 살아 있을 때에는 딱지날개 무늬가 누렇지만 죽으면 붉은 밤색으로 바뀐다. 버섯벌레과 무리 가운데 몸집이 가장 크다. 죽은 나무에서 돋는 버섯에서 볼 수 있다.

가는버섯벌레아과
몸길이 9~13mm
나오는 때 5~8월
겨울나기 어른벌레

털보왕버섯벌레 *Episcapha fortunii fortunii*

털보왕버섯벌레는 딱지날개에 주황색 톱니무늬가 있다. 노랑줄왕버섯벌레와 닮았는데, 털보왕버섯벌레는 딱지날개에 있는 무늬가 빨개서 다르다. 낮은 산에 있는 죽은 참나무에서 자라는 버섯에서 볼 수 있다. 어른벌레나 애벌레나 나무에 돋은 버섯을 파먹고 산다. 밤에 불빛을 보고 날아오기도 한다. 죽은 참나무 나무껍질 밑에서 어른벌레가 여러 마리 모여 겨울을 난다. 버섯을 키우는 농가에 피해를 주기도 한다.

가는버섯벌레아과
몸길이 11～15mm
나오는 때 5～10월
겨울나기 모름

고오람왕버섯벌레 *Episcapha gorhami*

고오람왕버섯벌레는 모라윗왕버섯벌레, 노랑줄왕버섯벌레와 생김새나 사는 모습, 먹는 버섯이 아주 닮았다. 고오람왕버섯벌레는 맨눈으로 보면 짧은 털이 나 있다. 눈은 크고 그 사이는 좁다. 앞가슴등판 양옆이 둥글다. 모라윗왕버섯벌레는 맨눈으로 보면 털이 없어 보이고, 딱지날개 어깨에 있는 까만 점무늬가 빨간 무늬에 전부 감싸이지 않는다. 또 겹눈이 작고 그 사이는 넓다.

가는버섯벌레아과
몸길이 11 ~ 14mm
나오는 때 5 ~ 10월
겨울나기 어른벌레

모라윗왕버섯벌레 *Episcapha morawitzi morawitzi*

모라윗왕버섯벌레는 나무에 돋은 여러 가지 버섯을 가리지 않고 먹고 산다. 튼튼한 큰턱으로 딱딱한 버섯도 잘 갉아 먹는다. 위험을 느끼면 나무껍질 틈으로 숨는다. 또 손으로 건드리면 역겨운 냄새를 내뿜는다. 짝짓기를 마친 암컷은 참나무 껍질 틈이나 밑, 버섯 균사체에 알을 낳는다. 애벌레도 버섯을 파먹고 산다. 다 자란 애벌레는 나무껍질 밑에서 번데기가 된 뒤 2주쯤 지나면 어른벌레로 날개돋이 한다. 어른벌레로 겨울을 나고, 이듬해 봄에 짝짓기를 하고 알을 낳은 뒤 죽는다.

시베리아버섯벌레아과
몸길이 5mm 안팎
나오는 때 5~10월
겨울나기 번데기

제주붉은줄버섯벌레 *Pselaphandra inornata inornata*

제주붉은줄버섯벌레는 온몸이 주홍빛으로 반짝거리고, 더듬이와 다리는 까맣다. 밤버섯이나 검은비늘버섯 같은 버섯을 먹고 산다. 가을에 나온다. 위험에 처하면 죽은 척하고, 몸에서 역겨운 냄새를 풍긴다. 짝짓기를 하면 버섯에 알을 낳는다. 알에서 나온 애벌레는 버섯에 굴을 파고 다니며 살을 갉아 먹는다. 다 자란 애벌레는 땅속에 들어가 번데기가 된다. 이듬해 가을까지 땅속에서 번데기로 잠을 잔다.

어리무당벌레붙이아과
몸길이 5mm 안팎
나오는 때 3～10월
겨울나기 어른벌레

무당벌레붙이 *Ancylopus pictus asiaticus*

무당벌레붙이는 몸이 까맣고, 앞가슴등판과 딱지날개는 빨갛다. 딱지날개에 까만 무늬가 있다. 수컷은 앞다리 종아리마디 안쪽에 이빨처럼 생긴 돌기가 한 개 있다. 뒷다리에는 작은 이빨처럼 생긴 돌기가 여러 개 있다. 낮에 풀밭이나 숲 가장자리, 낮은 산에서 볼 수 있다. 밤에는 불빛으로 날아온다. 나무에 돋는 버섯이나 곰팡이를 먹고 산다. 몸이 납작해서 나무 틈에 잘 숨는다. 썩은 나무껍질이나 돌 밑에서 어른벌레로 겨울잠을 잔다.

애기무당벌레아과
몸길이 3mm 안팎
나오는 때 4월쯤부터
겨울나기 모름

방패무당벌레 *Hyperaspis asiatica*

방패무당벌레 수컷은 앞가슴등판이 까만데, 양옆으로 불그스름한 무늬가 있고 앞 가장자리에는 좁게 누런 테두리가 나 있다. 그리고 딱지날개 끝 쪽에 불그스름한 무늬가 1쌍 있다. 암컷은 앞가슴등판 앞 가장자리가 까맣고, 양옆에 있는 불그스름한 무늬도 더 작다.

애기무당벌레아과
몸길이 2～4mm
나오는 때 4～8월
겨울나기 모름

쌍점방패무당벌레 *Hyperaspis sinensis*

쌍점방패무당벌레는 이름처럼 딱지날개에 빨간 점이 한 쌍 있다. 어른벌레는 뽕나무나 참나무에 살면서 깍지벌레나 진딧물을 잡아먹는다.

홍점무당벌레아과
몸길이 4mm 안팎
나오는 때 3～11월
겨울나기 어른벌레

애홍점박이무당벌레 *Chilocorus kuwanae*

애홍점박이무당벌레는 이름처럼 까만 딱지날개 가운데에 작고 빨간 점무늬가 한 쌍 있다. 가끔 무늬가 없기도 하다. 온몸은 까맣게 반짝거린다. 낮은 산이나 숲 가장자리, 공원에 낮에 나와 돌아다닌다. 여러 가지 깍지벌레를 잡아먹는다. 한 해에 세 번 넘게 날개돋이를 한다.

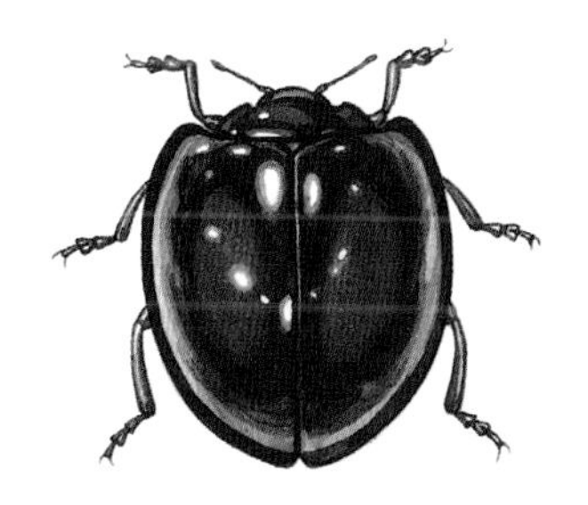

홍점무당벌레아과
몸길이 5～7mm
나오는 때 3～5월
겨울나기 어른벌레

홍점박이무당벌레 *Chilocorus rubidus*

홍점박이무당벌레는 몸이 까맣고, 딱지날개에 크고 넓은 빨간 점무늬가 한 쌍 있다. 빨간 무늬 윤곽이 뚜렷하지 않다. 빨간 무늬가 없이 온통 까맣기도 하다. 배 쪽은 빨갛다. 제주도를 뺀 온 나라에서 3~11월에 보인다. 깍지벌레를 잡아먹는다. 어른벌레로 겨울을 난다.

홍테무당벌레아과
몸길이 5mm 안팎
나오는 때 6~8월
겨울나기 모름

홍테무당벌레 *Rodolia limbata*

홍테무당벌레는 딱지날개가 까맣고, 서로 맞붙는 곳과 바깥쪽 가장자리를 따라 붉은 띠무늬가 이어져 있다. 낮은 산 떨기나무 숲에서 볼 수 있다. 어른벌레와 애벌레 모두 장미과 식물에 붙어사는 깍지벌레를 잡아먹는다. 애벌레는 허연 물을 입에서 토해 자기 몸을 숨긴다고 한다. 다 자란 애벌레는 나뭇가지에서 무리 지어 번데기가 된다.

무당벌레아과
몸길이 10mm 안팎
나오는 때 4～10월
겨울나기 어른벌레

남생이무당벌레 *Aiolocaria hexaspilota*

남생이무당벌레는 우리나라에 사는 무당벌레 가운데 가장 크다. 딱지날개에 남생이 등딱지처럼 생긴 무늬가 있어 남생이무당벌레라 한다. 온 나라에서 한 해 내내 볼 수 있는데 봄과 가을에 많이 보인다. 들판이나 마을 둘레, 낮은 산에 자라는 버드나무에서 많이 보인다. 낮에 나와 돌아다니면서 어른벌레나 애벌레 모두 호두나무잎벌레나 버들잎벌레 애벌레, 진딧물, 깍지벌레, 나무이 따위를 잡아먹는다. 손으로 건드리면 다리 마디에서 빨간 물을 내뿜는다.

무당벌레아과
몸길이 7～9mm
나오는 때 4～6월
겨울나기 어른벌레

달무리무당벌레 *Anatis halonis*

달무리무당벌레는 이름처럼 딱지날개에 하얗고 동그란 점무늬 안에 까만 점무늬가 있다. 이 무늬가 꼭 달무리처럼 보인다. 봄부터 여름 들머리까지 온 나라 낮은 산에 자라는 소나무 숲에서 보인다. 어른벌레나 애벌레 모두 소나무 순에 붙은 왕진딧물을 잡아먹는다. 짝짓기를 마친 암컷은 나무껍질이 파인 곳에 알을 15~20개쯤 낳는다. 한 해에 한 번 날개돋이 한다.

무당벌레아과
몸길이 4～5mm
나오는 때 4～11월
겨울나기 모름

네점가슴무당벌레 *Calvia muiri*

네점가슴무당벌레는 앞가슴등판에 하얀 점무늬가 4개 있다. 딱지날개에는 무늬가 14개 있다. 2−2−2−1쌍씩 늘어서 있는데 가운데 무늬가 둥글게 늘어섰다. 열닷점박이무당벌레와 생김새가 닮았다. 산이나 숲 가장자리에서 진딧물이나 다른 벌레 알을 먹는다.

무당벌레아과
몸길이 4~6mm
나오는 때 5~8월
겨울나기 모름

유럽무당벌레 *Calvia quatuordecimguttata*

유럽무당벌레는 딱지날개에 누런 점무늬가 14개 있다. 점무늬는 앞쪽부터 1-3-2-1쌍씩 있다. 하지만 딱지날개에 무늬가 하나도 없이 까맣거나 노란 무늬가 있거나, 딱지날개가 빨갛고 거기에 까만 무늬가 있는 변이가 있다. 앞가슴등판 양쪽에는 하얀 점무늬가 있다. 어른벌레는 진딧물이나 나무이 같은 벌레를 잡아먹고 곰팡이도 갉아 먹는다.

무당벌레아과
몸길이 5～7mm
나오는 때 5～8월
겨울나기 모름

열닷점박이무당벌레 *Calvia quindecimguttata*

열닷점박이무당벌레는 온몸이 누렇거나 불그스름한데, 딱지날개와 앞가슴등판에 하얀 무늬가 있다. 딱지날개에 있는 하얀 무늬는 이름과 달리 14개 있다.

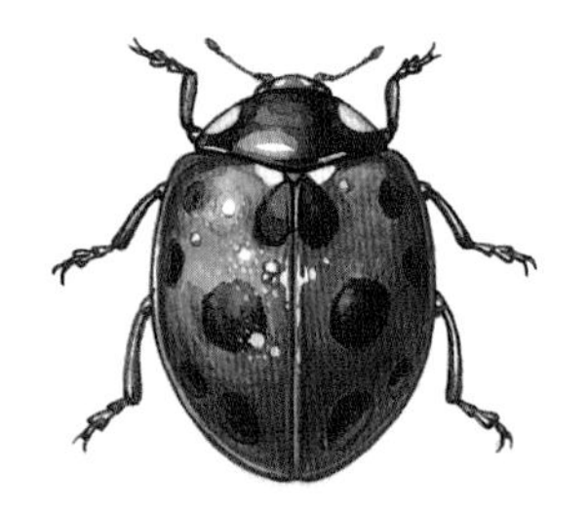

무당벌레아과
몸길이 5mm 안팎
나오는 때 6~8월
겨울나기 모름

십일점박이무당벌레 *Coccinella ainu*

십일점박이무당벌레는 '아이누무당벌레'라고도 한다. 생김새가 칠성무당벌레와 닮았다. 하지만 등에 난 점무늬 수가 다르다. 십일점박이무당벌레는 이름처럼 딱지날개에 까만 점무늬가 11개 나 있다. 딱지날개 위쪽에 있는 무늬 4개가 아주 크고 네모난 꼴로 나 있다. 다른 까만 점무늬는 가장자리에 나 있다.

무당벌레아과
몸길이 6～7mm
나오는 때 3～11월
겨울나기 어른벌레

칠성무당벌레 *Coccinella septempunctata*

칠성무당벌레는 주홍빛 딱지날개에 크고 뚜렷한 까만 점이 일곱 개 있다. 이른 봄부터 가을까지 진딧물이 있는 곳이면 온 나라 어디서나 쉽게 볼 수 있다. 애벌레와 어른벌레 생김새는 다르지만 고추나 보리 같은 채소와 곡식, 사과나무나 배나무 같은 과일나무에 꼬이는 진딧물을 잡아먹는다. 애벌레로 두 주쯤 사는데 애벌레 한 마리가 진딧물을 400~700마리쯤 잡아먹는다. 애벌레 머리에는 큰턱이 있다. 이 큰턱으로 먹이를 물거나 씹어 먹는다.

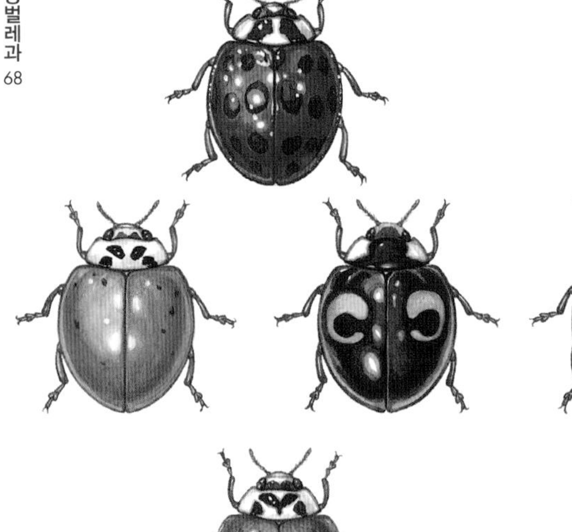

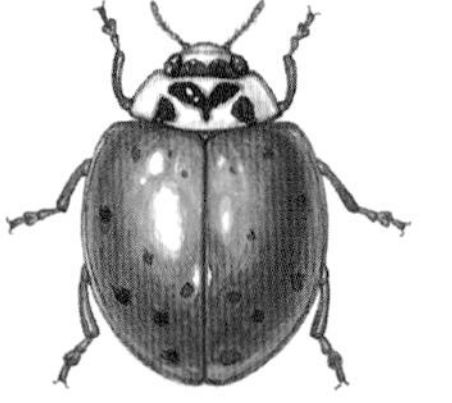

무당벌레아과
몸길이 5～8mm
나오는 때 3～11월
겨울나기 어른벌레

무당벌레 *Harmonia axyridis*

무당벌레는 온 나라에서 어디서나 볼 수 있다. 어른벌레나 애벌레 모두 진딧물을 많이 잡아먹는다. 무당벌레는 저마다 딱지날개에 찍힌 점무늬 숫자가 다르고, 딱지날개 빛깔도 여러 가지다. 딱지날개가 주황색, 노란색이고 까만 점무늬가 찍히기도 하고, 까만 바탕에 빨간 점무늬가 찍히기도 하고, 까만 바탕에 노란 점무늬가 있기도 하고, 딱지날개가 주황색인데 아무 점무늬가 없기도 하다. 점무늬가 2개, 4개, 12개, 16개, 19개 있기도 하다. 앞가슴등판은 까맣고 가장자리가 허옇다.

무당벌레아과
몸길이 6mm 안팎
나오는 때 4～8월
겨울나기 어른벌레

열석점긴다리무당벌레 *Hippodamia tredecimpunctata*

열석점긴다리무당벌레는 다른 무당벌레보다 몸이 길쭉하다. 가슴과 딱지날개에 까만 무늬가 13개 있다. 강가나 냇가, 늪 둘레에서 드물게 보인다. 어른벌레와 애벌레 모두 진딧물을 잡아먹는다. 겨울이 되면 돌 밑에서 겨울잠을 잔다. 봄에 나온 어른벌레는 4~5월에 짝짓기를 하고 알을 낳는다. 우리나라에는 다리무당벌레 무리가 4종 알려졌다. 그 가운데 2종은 북녘 백두산 둘레에서만 드물게 보인다.

무당벌레아과
몸길이 5mm 안팎
나오는 때 4～10월
겨울나기 모름

다리무당벌레 *Hippodamia variegata*

다리무당벌레는 마을이나 논밭, 숲 가장자리에서 산다. 다른 무당벌레처럼 진딧물이나 나무이 같은 작은 벌레를 잡아먹고 산다. 열석점긴다리무당벌레와 닮았는데, 다리무당벌레는 앞가슴등판 무늬와 딱지날개 검은 점무늬가 다르다.

무당벌레아과
몸길이 6mm 안팎
나오는 때 3~11월
겨울나기 어른벌레

큰황색가슴무당벌레 *Coelophora saucia*

큰황색가슴무당벌레는 딱지날개가 까맣고, 작고 빨간 점무늬가 양쪽에 하나씩 뚜렷하게 나 있다. 애홍점박이무당벌레와 닮았다. 하지만 큰황색가슴무당벌레 몸집이 더 크고, 앞가슴등판 양쪽 가장자리에 하얀 무늬가 뚜렷하게 나 있다. 어른벌레는 낮은 산이나 숲 가장자리, 마을 둘레에서 보인다. 어른벌레는 팽나무나 느티나무 같은 나무껍질 밑에서 여러 마리가 모여 겨울잠을 잔다고 한다.

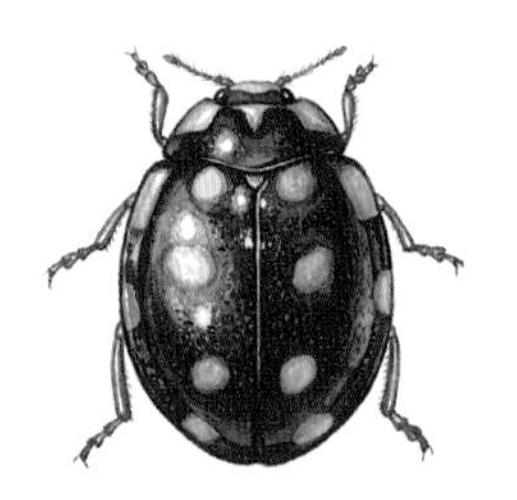

무당벌레아과
몸길이 4mm 안팎
나오는 때 4~11월
겨울나기 모름

노랑육점박이무당벌레 *Oenopia bissexnotata*

노랑육점박이무당벌레는 몸이 까맣고 딱지날개에 노란 무늬가 12개 나 있다. 가운데에 4쌍, 가장자리에 2쌍 있다. 앞가슴등판 가운데와 양쪽 가장자리, 머리 가운데도 노랗다. 콩팥무늬무당벌레와 닮았는데, 콩팥무늬무당벌레는 딱지날개에 있는 노란 점무늬가 옆으로 길어 마치 콩팥처럼 생겼다. 노랑육점박이무당벌레는 둥근 점 모양이다. 산이나 숲 가장자리에서 보인다. 어른벌레나 애벌레 모두 나무 위에 살면서 진딧물을 잡아먹는다.

무당벌레아과
몸길이 4mm 안팎
나오는 때 3～11월
겨울나기 어른벌레

꼬마남생이무당벌레 *Propylea japonica*

꼬마남생이무당벌레는 딱지날개가 누런데 까만 무늬가 있다. 까만 무늬는 저마다 다른데, 가운데 까만 무늬가 마치 십자가(十)처럼 생긴 것이 많다. 다리는 누런 밤색이다. 앞가슴등판에 있는 까만 무늬 가운데에 홈이 파이면 수컷이고, 홈이 없으면 암컷이다. 낮은 산과 들에서 봄부터 가을까지 보인다. 어른벌레나 애벌레나 낮에 나와 돌아다니며 진딧물을 잡아먹는다. 겨울이 되면 나무껍질 밑에 여러 마리가 모여 겨울잠을 잔다.

무당벌레아과
몸길이 4mm 안팎
나오는 때 3～11월
겨울나기 어른벌레

큰꼬마남생이무당벌레 *Propylea quatuordecimpunctata*

큰꼬마남생이무당벌레는 꼬마남생이무당벌레와 닮았지만, 몸집이 더 크고, 딱지날개 어깨 부분에 있는 까만 무늬가 둘로 나뉘거나 가운데가 강낭콩처럼 움푹 들어간 커다란 점 모양을 하고 있다. 그리고 허벅지마디에 까만 무늬가 있다. 강원도 높은 산에서 보인다.

무당벌레아과
몸길이 8mm 안팎
나오는 때 4～10월
겨울나기 어른벌레

긴점무당벌레 *Myzia oblongoguttata*

긴점무당벌레는 달무리무당벌레와 닮았다. 긴점무당벌레는 딱지날개에 있는 하얀 무늬가 길어서 구별된다. 가슴과 딱지날개에 하얗고 길쭉한 무늬가 있는데, 이 무늬는 저마다 다르다. 어른벌레는 소나무가 많이 자라는 온 나라 낮은 산이나 들에서 산다. 4~5월에 많이 보인다. 진딧물을 잡아먹고, 낮에는 나뭇잎이나 나무줄기에 붙어 자주 쉰다. 겨울이 되면 가랑잎 밑에서 여러 마리가 모여 겨울을 난다.

무당벌레아과
몸길이 3～5mm
나오는 때 4～10월
겨울나기 어른벌레

노랑무당벌레 *Illeis koebelei koebelei*

노랑무당벌레는 이름처럼 딱지날개가 노랗고 아무 무늬가 없다. 머리와 가슴은 하얗다. 가슴과 딱지날개가 붙는 곳에 까만 점이 두 개 있다. 마을 둘레나 논밭, 냇가 숲 가장자리에서 3월부터 10월까지 보인다. 어른벌레는 꽃에 날아와 식물에 병을 옮기는 균류를 먹는다. 어른벌레로 겨울을 난다.

무당벌레아과
몸길이 4mm 안팎
나오는 때 5～6월
겨울나기 모름

십이흰점무당벌레 *Vibidia duodecimguttata*

십이흰점무당벌레는 이름처럼 딱지날개에 하얀 점무늬가 12개 있다. 앞가슴등판에도 하얀 점무늬가 3개 있다. 산속 풀밭이나 논밭에서 드물게 볼 수 있다. 노랑무당벌레처럼 식물에 생기는 균류를 먹는다.

무당벌레붙이아과
몸길이 4~5mm
나오는 때 6~9월
겨울나기 모름

중국무당벌레 *Epilachna chinensis*

중국무당벌레는 온몸이 불그스름하고 커다랗고 까만 무늬가 10개 있다. 곱추무당벌레는 딱지날개 어깨에 있는 검은 점무늬가 심장꼴로 생겨서 딱지날개를 다 덮지 않는다. 하지만 중국무당벌레는 딱지날개 어깨에 있는 검은 점무늬가 어깨를 다 덮는다. 어른벌레는 마을 둘레나 논밭, 낮은 산에서 산다. 박주가리나 하늘타리 같은 식물 잎을 갉아 먹는다고 한다.

무당벌레붙이아과
몸길이 4～5mm
나오는 때 5～6월
겨울나기 애벌레

곱추무당벌레 *Epilachna quadricollis*

곱추무당벌레는 딱지날개 어깨에 있는 검은 점무늬가 '하트' 모양이고 딱지날개 어깨를 다 덮지 않아서 중국무당벌레와 다르다. 딱지날개는 붉은 밤색이고, 까만 무늬가 10개 있다. 딱지날개에는 누런 털이 나 있다. 앞가슴등판에도 까만 무늬가 2개 또는 4개 있다. 어른벌레는 물푸레나무나 쥐똥나무 잎을 갉아 먹는다. 애벌레도 잎을 잎맥만 남기고 갉아 먹는다. 애벌레로 겨울을 나고 이듬해 4~5월에 번데기가 된 뒤 어른벌레로 날개돋이 한다. 한 해에 한 번 날개돋이 한다.

이십사점콩알무당벌레
Subcoccinella coreae

무당벌레붙이아과
몸길이 6～8mm
나오는 때 4～10월
겨울나기 어른벌레

큰이십팔점박이무당벌레 *Henosepilachna vigintioctomaculata*

큰이십팔점박이무당벌레는 다른 무당벌레보다 등이 높고, 아주 짧은 흰 털이 온몸을 덮고 있다. 딱지날개는 붉은 밤색인데 까만 점이 28개나 있다. '이십팔점박이무당벌레'도 마찬가지다. 큰이십팔점박이무당벌레와 이십팔점박이무당벌레는 생김새가 아주 닮았고, 둘 다 밭에 심어 놓은 감자나 가지 잎에 많다. 이십팔점박이무당벌레는 딱지날개 무늬가 어깨 다음에 있는 것부터 가운데 두 번째까지 직선으로 늘어서 있다. 몸집이나 딱지날개 무늬가 큰이십팔점박이무당벌레보다 작다.

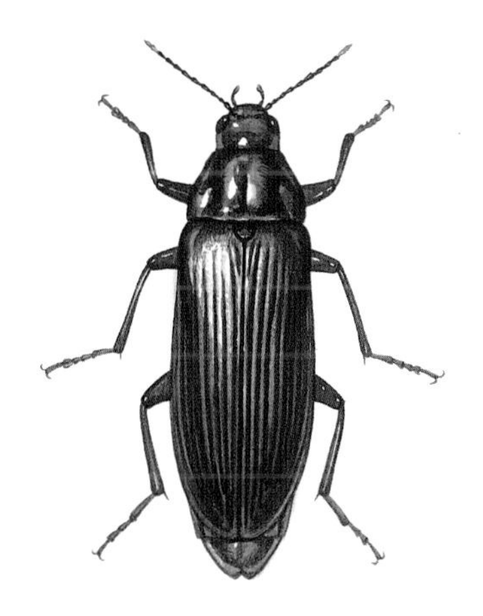

긴썩덩벌레아과
몸길이 12～21mm
나오는 때 6～8월
겨울나기 모름

긴썩덩벌레 *Phloiotrya bellicosa*

긴썩덩벌레는 몸이 검은 밤색이다. 더듬이와 종아리마디 아래는 누런 밤색이다. 몸 너비보다 몸길이가 3배쯤 길다. 산속 넓은잎나무 숲에서 산다. 어른벌레는 7월에 썩은 나무나 거기에 돋은 버섯에서 보인다. 애벌레도 어른벌레가 사는 곳에서 보인다.

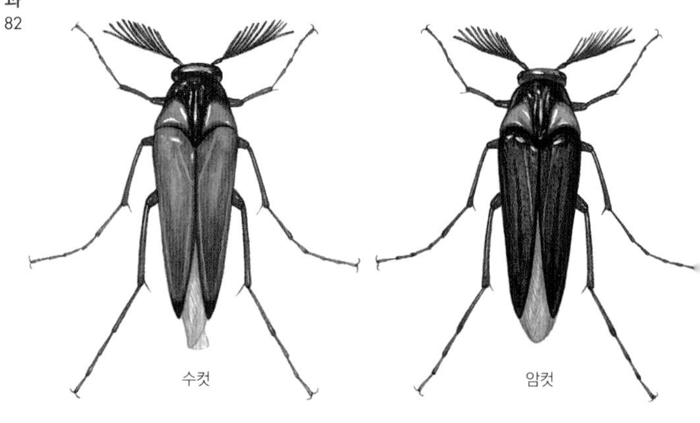

몸길이 9～15mm
나오는 때 모름
겨울나기 모름

왕꽃벼룩 *Metoecus paradoxus*

벼룩처럼 구부정하게 생겨서 꽃벼룩이라는 이름이 붙었다. 우리나라에 4종이 알려졌다. 더듬이는 10~11마디인데 생김새가 여러 가지다. 하지만 대부분 더듬이가 빗살처럼 갈라졌다. 또 암컷과 수컷 더듬이 생김새가 다르다. 왕꽃벼룩은 꽃벼룩보다 몸집이 크고, 가시처럼 생긴 꼬리가 없다.

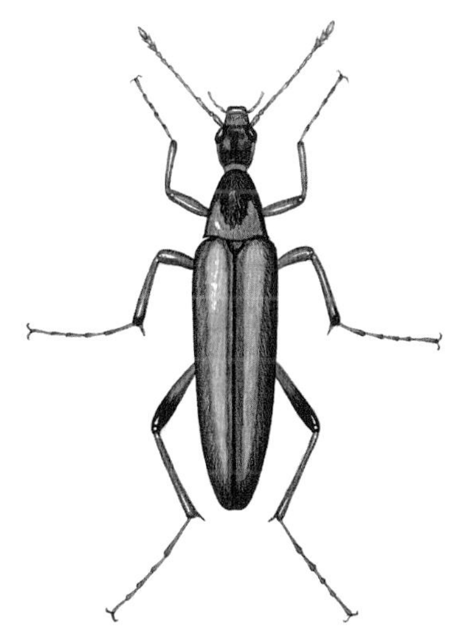

몸길이 12～14mm
나오는 때 5～6월
겨울나기 모름

목대장 *Cephaloon pallens*

목대장은 앞가슴등판이 목처럼 길쭉하며 세모나게 생겼다. 언뜻 보면 하늘소를 닮았다. 딱지날개가 길쭉하며 짧은 노란 털이 덮여 있다. 몸빛은 누런 밤색부터 까만색까지 개체마다 조금씩 다르다. 꽃이 핀 풀밭에서 볼 수 있다. 낮에 나와 꽃에 모여 꿀을 빨아 먹거나 꽃가루를 먹는다. 또 자주 풀 줄기에 앉아 쉰다. 밤에는 불빛으로 날아온다. 애벌레는 썩은 나무를 갉아 먹는다. 우리나라에는 목대장과에 4종이 산다.

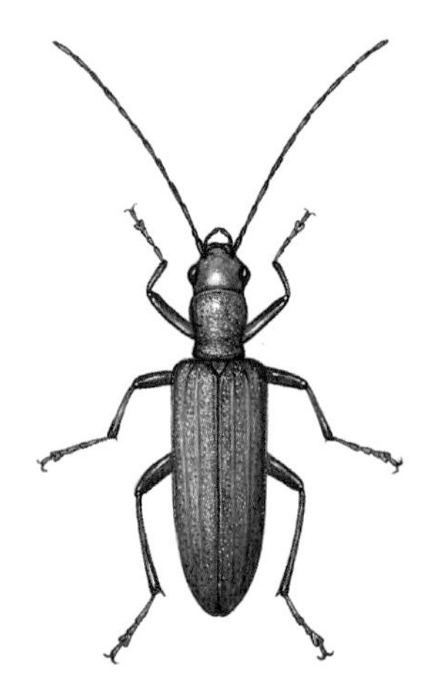

몸길이 5～7mm
나오는 때 4～5월
겨울나기 모름

녹색하늘소붙이 *Chrysanthia geniculata integricollis*

녹색하늘소붙이는 이름처럼 몸이 풀빛으로 반짝거린다. 다리와 더듬이는 까맣다. 하지만 수컷 가운데 앞다리와 가운뎃다리에 있는 허벅지마디 맨 끝과 종아리마디가 노란 것도 있다. 딱지날개에는 세로로 솟은 줄은 4줄씩 있다. 온 나라에 산속 풀밭에서 볼 수 있다. 4~5월에 여러 꽃에 날아와 꽃가루를 먹는다. 온몸이 꽃가루 범벅이 될 때까지 꽃가루를 먹는다.

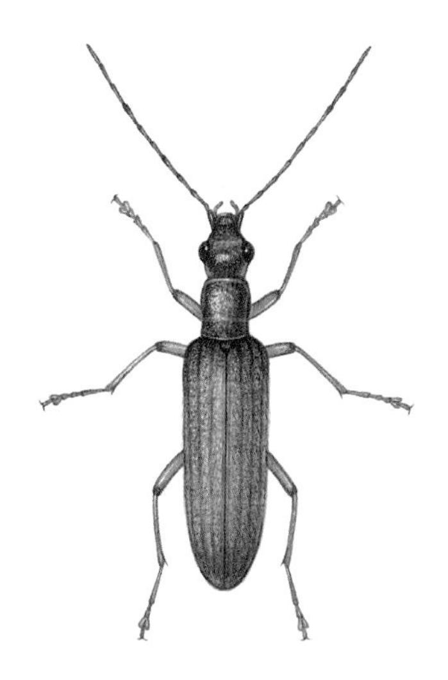

몸길이 7～12mm
나오는 때 6～7월
겨울나기 모름

잿빛하늘소붙이 *Eobia cinereipennis cinereipennis*

잿빛하늘소붙이는 머리가 까맣고, 다리와 앞가슴등판은 붉은 밤색이다. 앞가슴등판 가운데에 세로줄로 홈이 나 있다. 딱지날개는 잿빛이고, 세로줄이 나 있다. 앞날개는 배 끝을 다 덮지 못한다. 더듬이는 몸길이만큼 길다. 어른벌레는 6~7월에 보인다. 낮은 산과 들판 넓은잎나무 숲에서 산다. 밤에 불빛으로 날아온다.

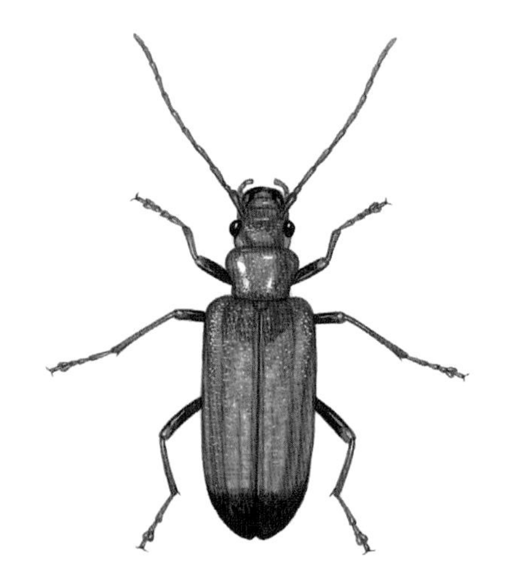

몸길이 9~12mm
나오는 때 6월쯤
겨울나기 모름

끝검은하늘소붙이 *Nacerdes melanura*

끝검은하늘소붙이는 이름처럼 딱지날개 끄트머리가 까맣다. 등은 누렇지만 몸 아래쪽은 까맣다. 더듬이가 몸길이에 1/2쯤 될 만큼 길다. 앞가슴등판은 심장꼴로 생겼다. 딱지날개에는 세로로 튀어나온 줄이 4줄씩 있다. 딱지날개에는 자잘한 홈이 잔뜩 파여 있다. 암컷은 배 끝이 노랗다.

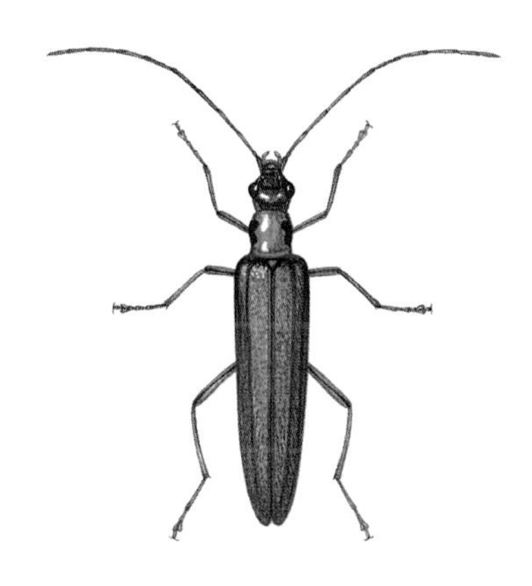

몸길이 9mm 안팎
나오는 때 5～7월
겨울나기 모름

아무르하늘소붙이 *Oedemera amurensis*

아무르하늘소붙이는 몸빛이 밤색이나 머리와 목 아래쪽은 검은색이다. 앞가슴등판은 누런데 양쪽에 까만 무늬가 1개씩 있다. 또 움푹 들어간 곳이 3곳 있다. 딱지날개에 있는 세로줄이 누렇고, 다리도 누렇다. 산에서 흔히 볼 수 있다. 여러 꽃에 모여 가위처럼 생긴 큰턱을 벌렸다 오므렸다 하면서 꽃가루를 씹어 먹는다. 이 꽃 저 꽃을 날아다닌다. 짝짓기를 마친 암컷은 썩은 나무에 알을 낳는다.

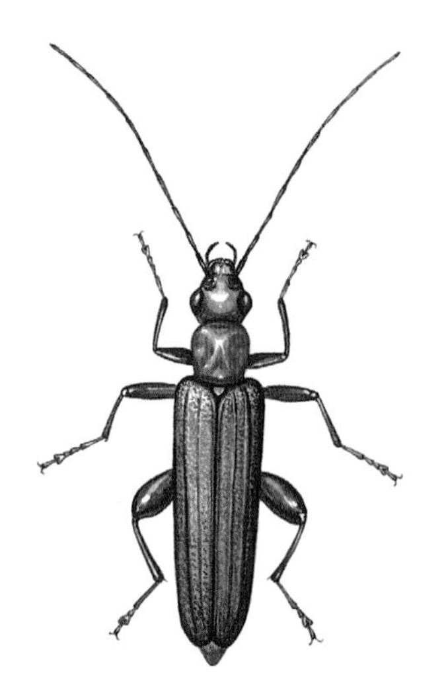

몸길이 8~12mm
나오는 때 4~6월
겨울나기 애벌레

알통다리하늘소붙이 *Oedemera lucidicollis lucidicollis*

알통다리하늘소붙이는 이름처럼 수컷 뒷다리 허벅지마디가 알통처럼 툭 불거졌다. 하지만 암컷은 그렇지 않다. 산이나 들판에서 볼 수 있다. 몸이 가벼워서 잘 날아다닌다. 이 꽃 저 꽃을 옮겨 다니며 꽃을 먹는다. 가위처럼 생긴 큰턱을 양옆으로 벌렸다 오므렸다 하면서 꽃을 먹는다.

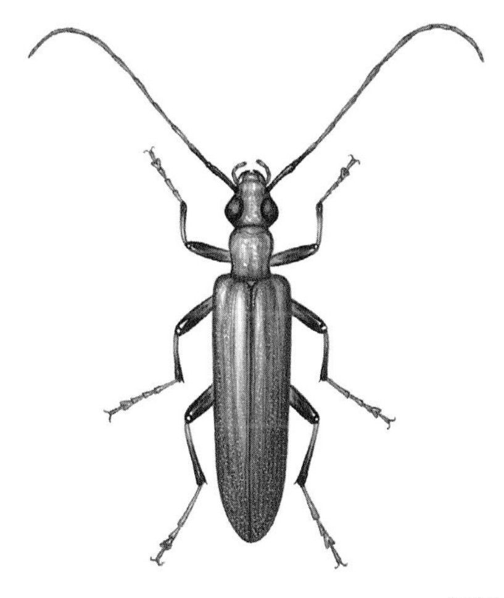

몸길이 12～15mm
나오는 때 6～7월
겨울나기 모름

큰노랑하늘소붙이 *Nacerdes hilleri hilleri*

큰노랑하늘소붙이는 온몸이 누르스름하다. 허벅지마디와 종아리마디는 붉은 밤색이다. 몸은 길쭉하고 양옆이 나란하다. 머리도 길쭉한데 앞가슴등판보다 살짝 더 넓다. 더듬이는 실처럼 길쭉하고 수컷은 12마디, 암컷은 11마디다. 앞가슴등판은 심장꼴로 생겼다. 딱지날개는 아주 길쭉하다. 큰노랑하늘소붙이는 몸에서 칸타리딘이라는 독물이 나온다. 맨손으로 잡으면 물집이 생길 수도 있다.

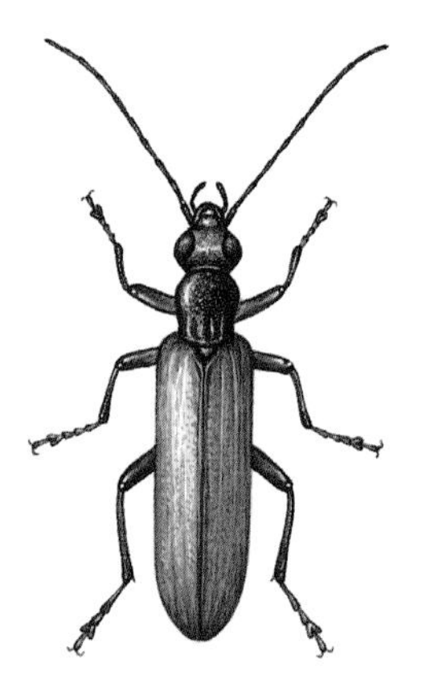

몸길이 9～13mm
나오는 때 6～7월
겨울나기 모름

노랑하늘소붙이 *Nacerdes luteipennis*

노랑하늘소붙이는 딱지날개가 누런 밤색이고 머리와 앞가슴등판, 다리는 까맣다. 딱지날개에는 세로줄이 3~4줄씩 나 있다. 수컷은 더듬이가 12마디고, 암컷은 11마디다. 온 나라 산속 풀밭에서 보인다. 여러 가지 꽃에 모여들어 꽃가루를 먹는다. 밤에 불빛으로 날아오기도 한다. 짝짓기를 마친 암컷은 썩은 나무에 알을 낳는다. 애벌레는 나무속을 파먹고 산다. 그러다가 나무속에서 번데기가 된다.

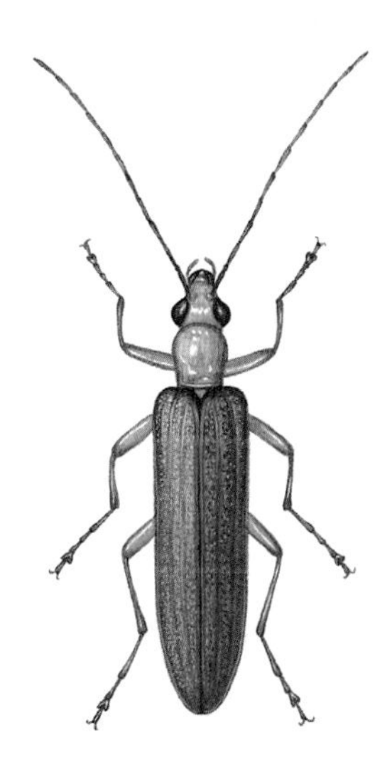

몸길이 11 ~ 15mm
나오는 때 6 ~ 8월
겨울나기 모름

청색하늘소붙이 *Nacerdes waterhousei*

청색하늘소붙이는 딱지날개가 푸른빛이 도는 풀색이다. 딱지날개는 양옆이 나란하고, 세로줄이 3줄씩 나 있다. 머리와 앞가슴등판, 다리는 붉은 밤색이다. 눈은 까맣다. 수컷은 더듬이가 12마디이고, 암컷은 11마디다. 더듬이가 하늘소처럼 길다. 어른벌레 몸에서 칸타리딘이라는 독물이 나온다. 애벌레는 썩은 나무속을 파먹고 산다.

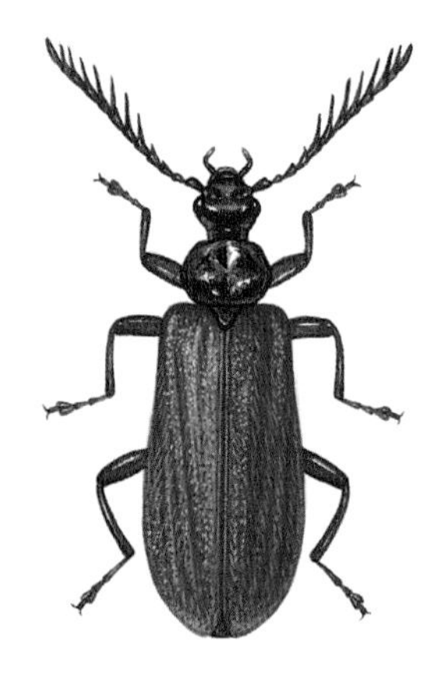

몸길이 10mm 안팎
나오는 때 8월쯤
겨울나기 모름

홍다리붙이홍날개 *Pseudopyrochroa lateraria*

홍다리붙이홍날개는 온몸이 까만데 딱지날개만 붉은 밤색이다. 딱지날개에는 누런 털이 나 있다. 수컷은 더듬이가 빗살처럼 갈라졌고, 암컷은 톱니처럼 이어진다.

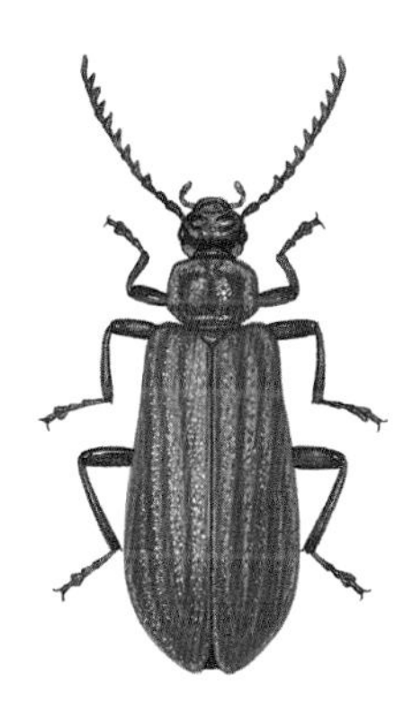

몸길이 6～9mm
나오는 때 4～5월
겨울나기 모름

애홍날개 *Pseudopyrochroa rubricollis*

애홍날개는 머리가 까만데 빨간 무늬가 있는 것도 있다. 앞가슴등판은 빨갛거나 까맣다. 검은 무늬가 있는 것도 있다. 딱지날개는 빨간데, 다른 홍날개처럼 뚜렷한 그물 모양은 아니다. 수컷은 눈 사이가 높이 뒤어 올랐고, 암컷은 그보다 평평하다. 홍날개와 닮았지만, 애홍날개는 크기 더 작고, 앞가슴등판이 빨개서 다르다. 4~5월에 숲 가장자리나 낮은 산에서 보인다. 낮에 돌아다니고, 밤에 불빛으로 가끔 날아온다.

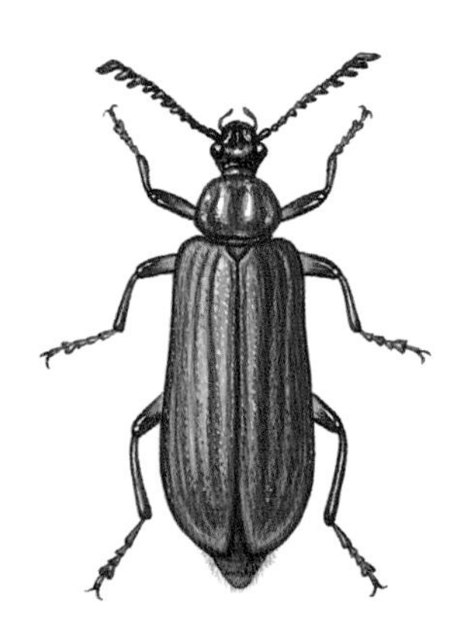

몸길이 7～10mm
나오는 때 4～5월
겨울나기 애벌레

홍날개 *Pseudoyrochroa rufula*

홍날개는 머리가 까맣고, 앞가슴등판과 딱지날개는 짙은 빨간색이다. 눈 사이에 홈이 나 있는데 암컷은 얕고, 수컷은 깊다. 암컷은 머리 한가운데에 빨간 점무늬가 있다. 온 나라 낮은 산이나 풀밭에서 보인다. 짝짓기 때가 되면 수컷은 가뢰에 붙어, 가뢰 몸에서 나오는 칸타리딘이라는 물질을 핥아 먹는다. 이 칸타리딘을 얻은 수컷만 암컷과 짝짓기를 할 수 있다.

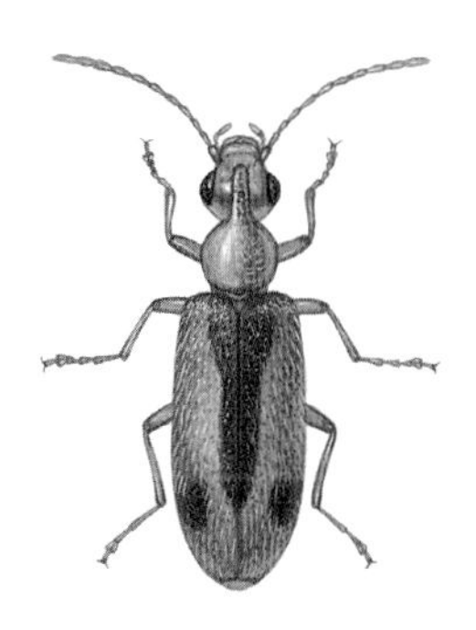

몸길이 4mm 안팎
나오는 때 모름
겨울나기 모름

뿔벌레 *Notoxus trinotatus*

뿔벌레는 온몸에 털이 드문드문 나 있다. 겹눈은 까맣다. 더듬이는 11마디이다. 앞가슴등판은 둥글고, 뿔처럼 솟은 돌기가 있다.

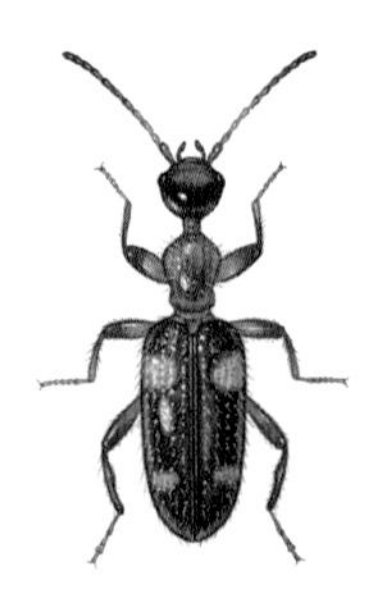

몸길이 1～3mm
나오는 때 5～8월
겨울나기 모름

무늬뿔벌레 *Stricticollis valgipes*

무늬뿔벌레는 더듬이가 까맣거나 짙은 밤색이다. 더듬이 마디마다 억센 털이 나 있다. 앞가슴등판은 둥글고, 붉은 밤색이나 주황색으로 번쩍거린다. 딱지날개는 까맣고 반짝거린다. 딱지날개 위쪽 양옆에 밝은 밤색으로 띠처럼 생긴 무늬가 있고, 아래쪽 양쪽에는 밝은 밤색 반점 무늬가 있다. 무늬뿔벌레는 햇볕이 잘 드는 땅에서 산다.

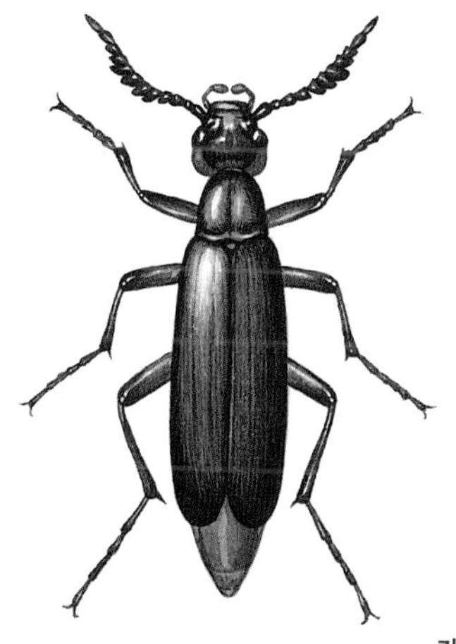

가뢰아과
몸길이 11～20mm
나오는 때 5～7월
겨울나기 알

줄먹가뢰 *Epicauta gorhami*

줄먹가뢰는 머리만 빨갛고 온몸이 까맣다. 수컷은 더듬이 3~6번째 마디가 넓은데, [illegible] 몇몇 곳에서만 보인다. 낮은 산이나 들판, 무덤가에 지라는 싸리나무나 고삼, 칡 같은 콩과 식물을 뜯어 먹는다. 짝짓기를 마친 암컷은 땅속에 알을 1000개쯤 낳는다.

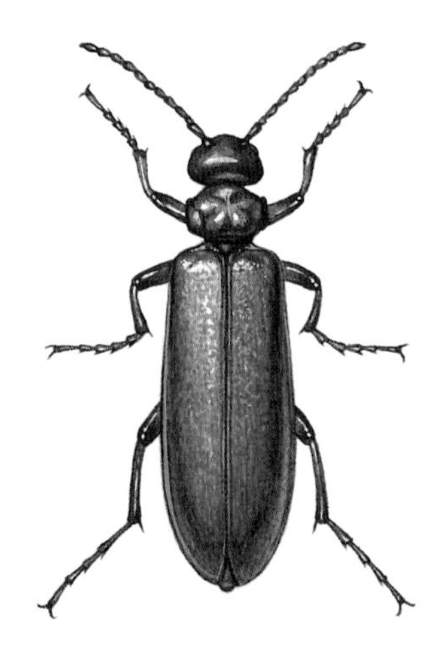

가뢰아과
몸길이 15～20mm
나오는 때 5～6월
겨울나기 애벌레

청가뢰 *Lytta caraganae*

청가뢰는 이름처럼 온몸이 살짝 풀빛을 띠며 파랗고 반짝거린다. 머리가 삼각형으로 생겼다. 딱지날개에는 자잘한 홈이 잔뜩 파였고, 가로줄이 2줄 있다. 온 나라 들이나 낮은 산에서 보인다. 쑥이나 등나무, 아까시나무 같은 콩과 식물 잎을 갉아 먹는다. 봄에 짝짓기를 하고 땅속에 알을 1000개쯤 낳는다. 알에서 나온 애벌레는 풍뎅이 애벌레를 먹고 자란다. 몸에서 칸타리딘이라는 독물이 나온다.

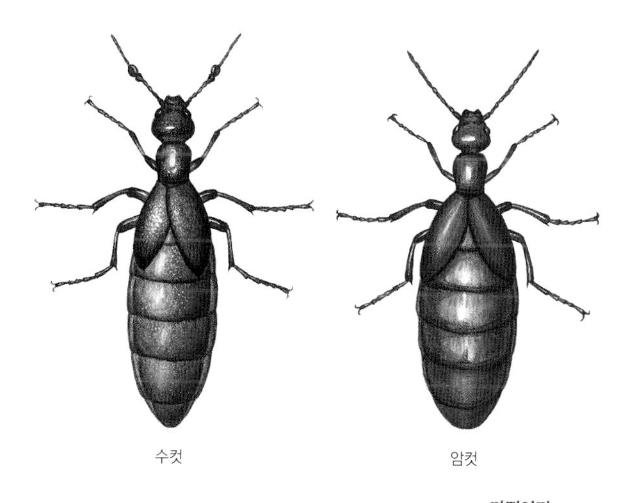

가뢰아과
몸길이 8～20mm
나오는 때 4～5월
겨울나기 알

애남가뢰 *Meloe auriculatus*

애남가뢰는 남가뢰보다 몸이 작다. 몸빛은 파랗다. 머리와 가슴보다 배가 훨씬 커서 딱지날개가 배를 다 덮지 못한다. 중부와 남부 지방 들판이나 낮은 산에서 산다. 봄부터 늦은 가을까지 볼 수 있다. 어른벌레는 여러 가지 풀을 갉아 먹는다. 다른 가뢰처럼 위험을 느끼면 몸 마디에서 칸타리딘이라는 노란 독물이 나온다. 사람 손에 닿으면 물집이 생기니 조심해야 한다. 알로 겨울을 난다고 알려졌다.

가뢰아과
몸길이 11~27mm
나오는 때 3~5월
겨울나기 애벌레

둥글목남가뢰 *Meloe corvinus*

둥글목남가뢰는 암컷이 수컷보다 크다. 앞가슴등판이 길이보다 폭이 더 넓고, 뒤쪽 가운데가 움푹 들어가서 남가뢰와 다르다. 더듬이는 암컷과 수컷 모두 실처럼 가늘다. 딱지날개에는 주름이 있다. 낮은 산에서 보인다. 여러 가지 풀을 뜯어 먹고 산다. 위험을 느끼면 다리마디에서 칸타리딘이라는 노란 독물이 나온다. 손으로 함부로 만지면 물집이 생기니 조심해야 한다.

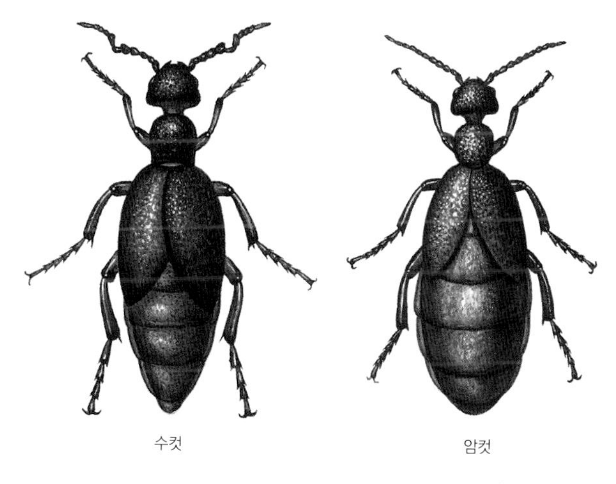

수컷 암컷

가뢰아과
몸길이 12～30mm
나오는 때 3～5월
겨울나기 어른벌레

남가뢰 *Meloe proscarabaeus proscarabaeus*

남가뢰는 이름처럼 온몸이 검은 남색을 띤다. 암컷은 배가 아주 크고, 딱지날개는 아주 짧아서 배를 덮지 못한다. 더듬이는 구슬을 꿰어 놓은 것처럼 생겼다. 수컷은 6~7번째 마디가 부풀었다. 어른벌레는 딱지날개가 아주 작아서 날아다니지 못하고 땅 위를 기어 다닌다. 들판이나 낮은 산에서 보인다. 여기저기 돌아다니면서 새로 돋는 풀들을 갉아 먹는다. 위험을 느끼면 다리마디에서 노란 독물이 나온다.

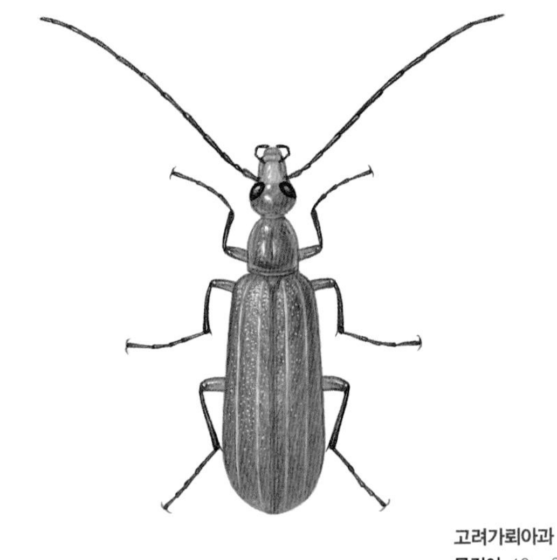

고려가뢰아과
몸길이 10~20mm
나오는 때 6~8월
겨울나기 모름

황가뢰 *Zonitoschema japonica*

황가뢰는 이름처럼 몸이 노랗고, 노란 털이 짧게 나 있다. 더듬이와 종아리마디, 발목마디는 까맣다. 더듬이는 실처럼 가늘고 길다. 딱지날개에는 짧은 털이 빽빽하게 나 있고, 작은 홈이 자잘자잘 파여 있다. 딱지날개 가운데에 솟아오른 세로줄이 한 줄씩 있다. 산에 핀 산초나무 꽃에서 많이 보인다. 밤에는 불빛으로 날아오기도 한다.

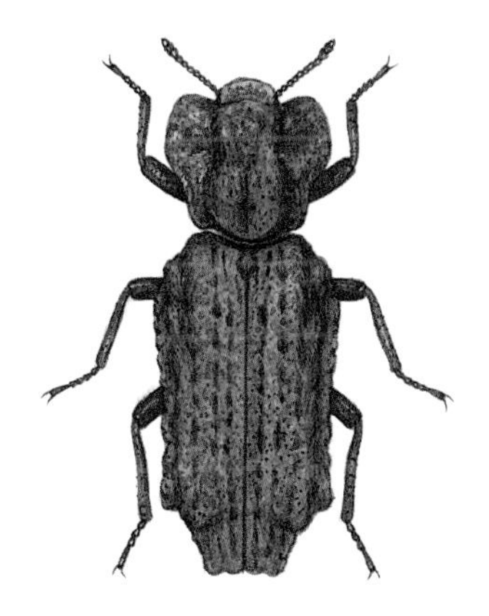

혹거저리아과
몸길이 20mm 안팎
나오는 때 모름
겨울나기 모름

혹거저리 *Phellopsis suberea*

혹거저리는 몸이 넓적하고 펑펑하다. 앞가슴등판에 비해 머리가 작다. [illegible]. 앞가슴등판은 심장꼴이다. 딱지날개 양쪽에 세로줄이 3줄씩 튀어 나왔다.

몸길이 14～19mm
나오는 때 5～9월
겨울나기 애벌레, 번데기

큰남색잎벌레붙이 *Cerogria janthinipennis*

큰남색잎벌레붙이는 우리나라에 사는 잎벌레붙이 가운데 가장 몸집이 크다. 몸은 푸르스름한데, 가슴과 딱지날개에 짧고 하얀 털이 나 있다. 딱지날개는 물렁물렁하다. 중부와 남부 지방에서 산다. 참나무나 벚나무, 마을 어귀에 느티나무가 자라는 낮은 산과 들판 풀밭에서 볼 수 있다. 어른벌레는 쐐기풀 종류를 잘 갉아 먹는다. 잘 움직이지 않고, 굼뜨게 움직인다.

몸길이 7 ~ 16mm
나오는 때 5월쯤
겨울나기 모름

납작거저리 *Pytho depressus*

납작거저리는 몸이 위아래로 납작하다. 햇빛을 받으면 몸은 푸르스름한 검은색으로 번뜩거린다. 더듬이와 다리는 밤색이다. 산에서 보이는데 바늘잎나무를 좋아한다고 한다.

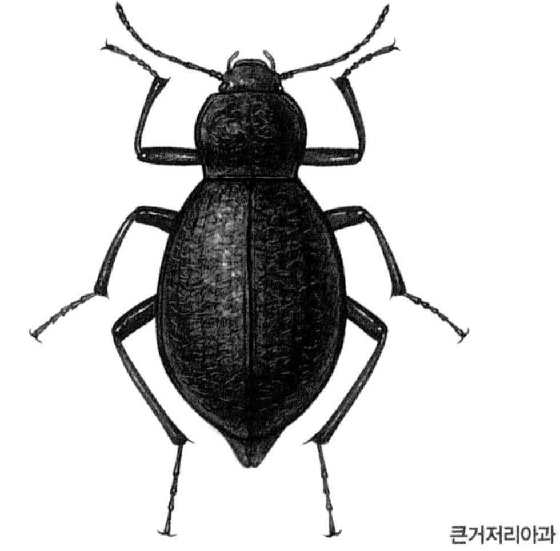

큰거저리아과
몸길이 20～25mm
나오는 때 6～9월
겨울나기 모름

큰거저리 *Blaps japonensis*

큰거저리는 몸빛이 까맣고 살짝 반짝거린다. 몸은 꼭 호리병처럼 생겼다. 머리는 동그랗다. 더듬이는 염주 알처럼 동글동글하게 이어졌는데, 6번째 마디부터 마지막 마디까지 살짝 부풀었다. 3번째 마디는 2번째, 4번째 마디보다 훨씬 길다. 딱지날개에는 돌기가 있다. 모래밭에서 사는데, 요즘에는 잘 안 보인다.

제주거저리아과
몸길이 7～9mm
나오는 때 4～9월
겨울나기 어른벌레

제주거저리 *Blindus strigosus*

제주거저리는 몸이 까맣고 반짝거린다. 앞가슴등판이 둥글넓적하고, 곰보처럼 홈이 파여 있다. 딱지날개에 세로줄이 여러 줄 나 있다. 줄과 줄 사이에 자잘한 홈이 파여 있다. 더듬이는 염주 알처럼 이어졌다. 3번째 더듬이마디 길이가 2번째와 4번째 마디보다 훨씬 길다. 이름과는 달리 제주도를 포함한 온 나라 숲이나 산길, 도시공원에서도 볼 수 있다. 4월부터 9월까지 볼 수 있다. 낮에는 돌 밑이나 가랑잎 밑에 숨어 있다가 밤에 나와 돌아다닌다.

모래거저리아과
몸길이 10～12mm
나오는 때 4～10월
겨울나기 어른벌레

모래거저리 *Gonocephalum pubens*

모래거저리는 온몸이 검은 밤색이고 짧은 빨간 털이 덮여 있다. 머리는 오각형으로 생겼다. 더듬이는 염주 알을 엮어 놓은 것 같다. 이마방패 앞쪽 가운데가 V자처럼 파였다. 앞다리 종아리마디는 모래를 잘 팔 수 있도록 넓적하다. 온 나라 강가나 바닷가 모래밭에서 무리 지어 산다. 봄과 여름 들머리에 많이 보이고 겨울에도 드물게 보인다. 밤에 나와 돌아다니면서 죽은 식물이나 가랑잎 따위를 갉아 먹는다. 폭탄먼지벌레처럼 꽁무니에서 시큼한 물을 뿜어서 천적을 쫓는다.

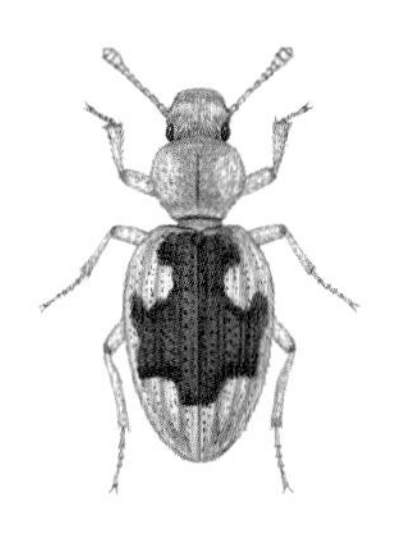

모래거저리아과
몸길이 3～5mm
나오는 때 4～9월
겨울나기 어른벌레

바닷가거저리 *Idisia ornata*

바닷가거저리는 딱지날개에 十자 모양으로 밤빛 무늬가 있다. 이름처럼 바닷가 모래밭에서 산다. 4~9월까지 볼 수 있다. 크기가 아주 작고, 몸빛이 모래 색깔과 닮아서 눈에 잘 띄지 않는다. 손으로 건드리면 죽은 척하거나, 재빨리 모래 속을 파고들어 숨는다. 어른벌레로 겨울을 난다고 알려졌다.

모래거저리아과
몸길이 9mm 안팎
나오는 때 3~10월
겨울나기 모름

작은모래거저리 *Opatrum subaratum*

작은모래거저리는 딱지날개에 올록볼록한 알갱이처럼 생긴 돌기가 줄지어 나 있다. 몸은 까맣고 노란 비늘로 덮여 있다. 더듬이는 염주 알을 이어 놓은 것 같은데 짧다. 7번째 마디부터 끝까지 볼록하다. 이마방패 앞 가운데가 V자처럼 파인다. 작은방패판이 혀처럼 생겼다. 냇가나 강가, 바닷가 모래밭에서 산다. 3월부터 10월까지 보이는 데, 봄에 많이 볼 수 있다. 썩은 식물을 먹고 산다.

르위스거저리아과
몸길이 7~9mm
나오는 때 4~11월
겨울나기 어른벌레

금강산거저리 *Basanus tsushimensis kompancevi*

금강산거저리는 온몸이 까맣지만, 딱지날개 앞쪽에 빨간 무늬가 한 쌍 있다. 더듬이는 염주 알을 이어 놓은 것 같다. 앞가슴등판은 사다리꼴이다. 낮은 산 바늘잎나무 숲에서 산다. 나무껍질 밑에서 지내다가, 밤에 나와 돌아다니면서 썩은 나무에 돋은 버섯을 갉아 먹고 산다. 날씨가 추워지면 나무껍질 아래 여러 마리가 무리 지어 겨울잠을 잔다.

르위스거저리아과
몸길이 10mm 안팎
나오는 때 5~9월
겨울나기 어른벌레

구슬무당거저리 *Ceropria induta induta*

구슬무당거저리는 온몸이 까만데, 보는 방향에 따라 여러 빛깔이 아롱대며 반짝거린다. 딱지날개에는 뚜렷한 세로줄 홈이 나 있다. 더듬이 1~3번째 마디는 원통처럼 생겼고, 4~10번째 마디는 톱니처럼 생겼다. 낮은 산에서 5월부터 9월까지 볼 수 있다. 봄과 여름에 많이 보인다. 낮에는 썩은 나무껍질 밑에서 쉬다가 밤이 되면 나온다. 참나무나 오리나무 썩은 나무에서 돋는 여러 가지 버섯에 모인다.

수컷

암컷

우묵거저리아과
몸길이 9～12mm
나오는 때 4～11월
겨울나기 애벌레, 어른벌레

우묵거저리 *Uloma latimanus*

우묵거저리는 이름처럼 앞가슴등판이 우묵하게 파였다. 수컷은 앞가슴등판 앞쪽이 사다리꼴로 움푹 파였는데, 암컷은 밋밋하다. 입에는 긴 털이 나 있다. 산에서 썩은 나무속을 파먹으며 살고, 밖으로 잘 나오지 않는다. 위험을 느끼면 죽은 척하거나, 꽁무니에서 고약한 냄새가 나는 물질을 뿜어 천적을 쫓는다.

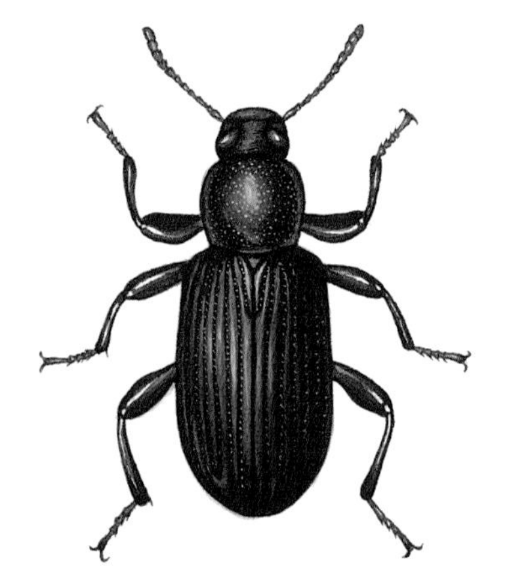

거저리아과
몸길이 14~16mm
나오는 때 5~8월
겨울나기 애벌레, 어른벌레

보라거저리 *Derosphaerus subviolaceus*

보라거저리는 이름처럼 몸빛이 보라빛을 띠며 반짝거린다. 하지만 보는 각도에 따라 풀빛과 파란빛도 아롱댄다. 딱지날개는 호리병처럼 생겼다. 더듬이는 염주 알을 이어 놓은 것 같다. 딱지날개에는 홈이 파여 18줄 가지런히 줄지어 있다. 허벅지마디는 알통처럼 불룩하다. 수컷은 앞다리 종아리마디가 안쪽으로 휘어진다. 산속 썩은 나무속에서 산다. 밤에 나와 돌아다니며 썩은 나무나 가랑잎을 씹어 먹는다.

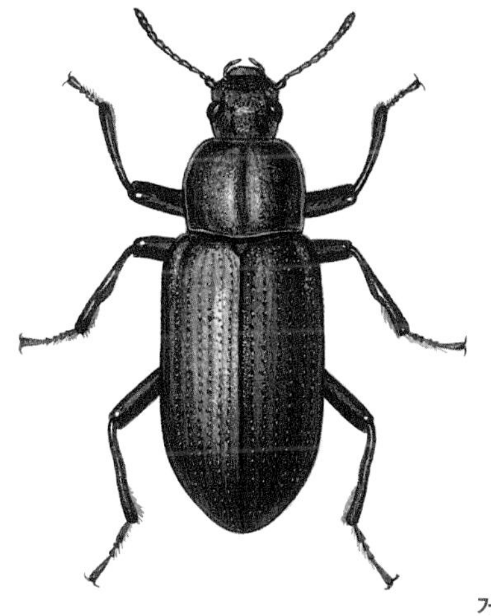

거저리아과
몸길이 24～26mm
나오는 때 4～8월
겨울나기 어른벌레

대왕거저리 *Promethis valgipes valgipes*

대왕거저리는 이름처럼 거저리 가운데 몸이 가장 크다. 제주도나 완도 같은 남해에 있는 섬에서 4월부터 8월까지 보인다. 썩은 나무껍질 밑에서 여러 마리가 모여 산다. 어른벌레로 겨울을 난다고 알려졌다.

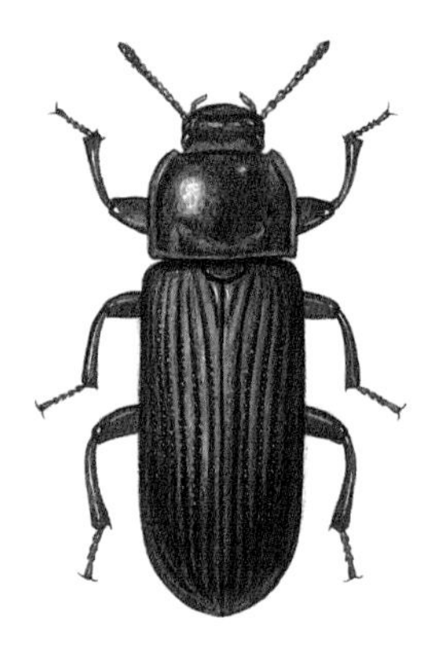

거저리아과
몸길이 15mm 안팎
나오는 때 1년 내내
겨울나기 애벌레

갈색거저리 *Tenebrio molitor*

갈색거저리는 몸빛이 불그스름한 검은 밤색으로 반짝거린다. 머리가 오각형에 가깝다. 겹눈은 뺨에 의해 두 개로 나뉜다. 더듬이는 염주알을 이어 놓은 것 같다. 딱지날개에는 홈이 파여 세로줄이 나 있다. 사람이 갈무리한 곡식을 먹고 산다. 본디 유럽에서 살던 곤충이었는데, 온 세계가 곡식을 서로 사고팔면서 온 세계로 퍼졌다. 어른벌레는 위험을 느끼면 죽은 척하고, 꽁무니에서 시큰한 냄새를 풍긴다. 애벌레를 새 모이로 주려고 기르기도 한다.

호리병거저리아과
몸길이 12～16mm
나오는 때 4～11월
겨울나기 어른벌레

호리병거저리 *Misolampidius tentyrioides*

호리병거저리는 이름처럼 가슴과 배 사이가 호리병처럼 잘록하다. 몸빛은 까맣게 반짝거린다. 낮은 산에 있는 썩은 나무에서 산다. 낮에는 썩은 나무껍질 밑에 숨어 있다가 밤이 되면 나온다. 겨울이 오면 썩은 나무속에서 어른벌레로 겨울잠을 잔다.

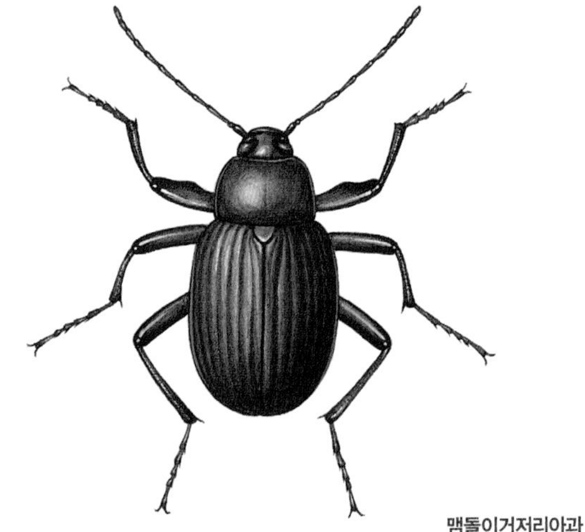

맴돌이거저리아과
몸길이 13～17mm
나오는 때 5～10월
겨울나기 애벌레

산맴돌이거저리 *Plesiophthalmus davidis*

산맴돌이거저리는 온몸이 새카맣고, 번쩍거리지 않는다. 딱지날개에는 세로줄이 18개 어렴풋이 나 있다. 온 나라 넓은잎나무 숲에서 산다. 낮에는 가랑잎 밑이나 나무껍질 밑에 숨어 있다가 밤에 나온다. 썩은 나무 둘레에 살면서 나무를 파먹거나 나무에 돋은 버섯을 큰턱으로 베어 먹는다. 뒷다리가 아주 커서 잘 걸어 다닌다. 멀리 날아가기도 한다. 위험을 느끼면 꽁무니에서 시큼한 냄새를 풍긴다.

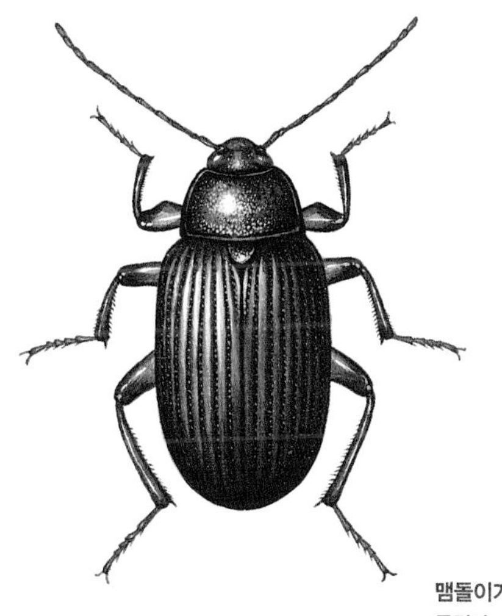

맴돌이거저리아과
몸길이 14～21mm
나오는 때 5～10월
겨울나기 애벌레

맴돌이거저리 *Plesiophthalmus nigrocyaneus*

맴돌이거저리는 몸빛이 까만데 푸르스름하거나 구릿빛을 띠기도 한다. 산맴돌이거저리와 다르게 몸이 반짝거린다. 딱지날개는 볼록하고 홈이 파인 세로줄이 8줄씩 뚜렷하게 나 있다. 또 자잘한 돌기가 나 있다. 다리는 가늘고 길다. 쓰러져 썩은 나무에서 산다. 애벌레로 겨울을 나고 이듬해 4월 말에 번데기가 되었다가 5월에 어른벌레가 된다.

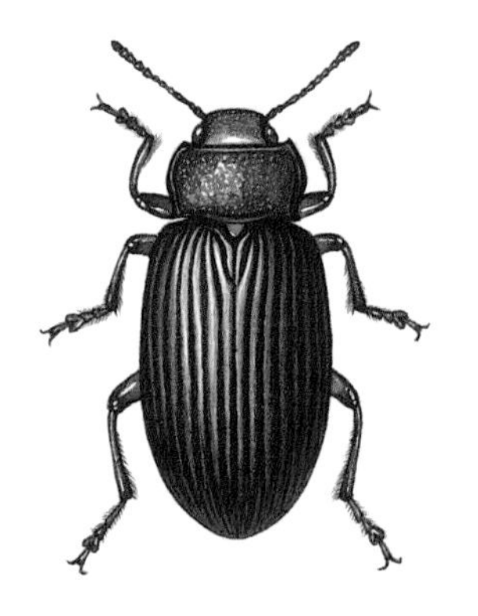

강변거저리아과
몸길이 10～11mm
나오는 때 4～8월
겨울나기 모름

강변거저리 *Heterotarsus carinula*

강변거저리는 몸이 까맣게 반짝거린다. 딱지날개에 세로줄이 뚜렷하게 나 있고, 줄 사이가 넓다. 이름처럼 냇가나 강가, 바닷가 모래밭에서 산다. 중부 지방 아래와 제주도에서 볼 수 있다. 봄과 여름 들머리에 많이 보인다. 사는 모습이 모래거저리와 많이 닮았다.

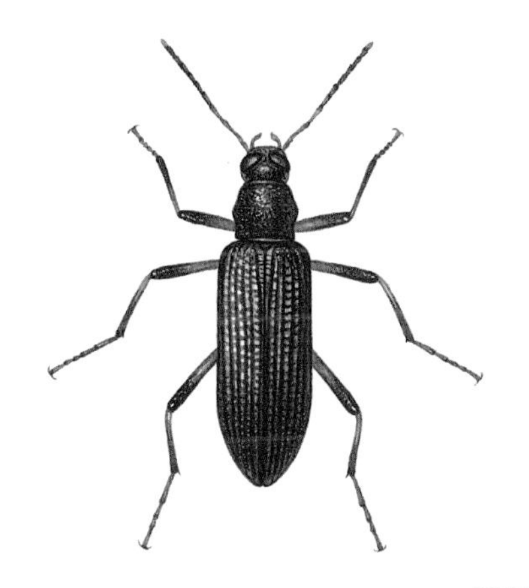

별거저리아과
몸길이 7～12mm
나오는 때 7～8월
겨울나기 애벌레

별거저리 *Strongylium cultellatum cultellatum*

별거저리는 다른 거저리와 달리 몸이 가늘고 길쭉하다. 딱지날개에 세로줄이 깊게 파였다. 낮은 산이나 들판에서 산다. 어른벌레는 썩은 나무에서 살고, 밤에 나와 돌아다닌다. 불빛에 날아오기도 한다.

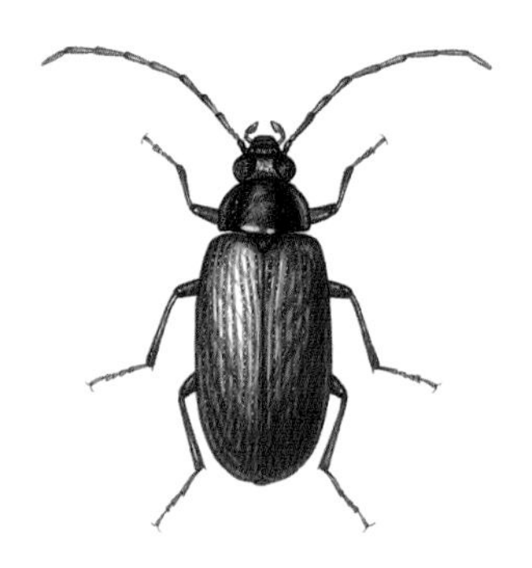

몸길이 5mm 안팎
나오는 때 5~9월
겨울나기 모름

홍날개썩덩벌레 *Hymenalia rufipennis*

홍날개썩덩벌레는 머리와 앞가슴등판이 까맣고, 딱지날개는 밤색을 띤 붉은색이다. 더듬이와 다리는 불그스름한 밤색이다. 머리가 작은데 폭은 넓으며, 홈이 파여 있다. 더듬이는 11마디다. 수컷은 더듬이가 톱니처럼 생겨서 긴데, 암컷은 실처럼 길쭉하고 짧다. 겹눈은 콩팥처럼 찌그러졌다. 딱지날개 양쪽에는 홈이 파인 줄이 9개씩 있다. 들판에 자란 풀 잎사귀나 키 작은 나무에서 보인다.

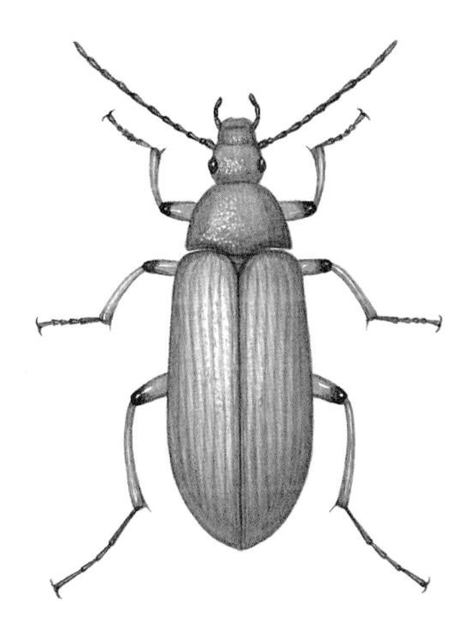

몸길이 11～14mm
나오는 때 5～6월
겨울나기 모름

노랑썩덩벌레 *Cteniopinus hypocrita*

노랑썩덩벌레는 온몸이 노랗고 번쩍거린다. 다리 마디와 더듬이는 까맣다. 겹눈은 콩팥처럼 찌그러졌다. 수컷은 더듬이가 딱지날개 가운데까지 오는데, 암컷 더듬이는 더 짧다. 작은방패판은 삼각형인데 끝이 둥글게 좁아진다. 딱지날개에 세로로 홈이 파여 줄이 나 있다. 허벅지마디는 불룩하다. 낮은 산이나 풀밭에서 볼 수 있다. 여러 가지 꽃에 날아와 꽃가루를 먹는다. 애벌레는 썩은 나무껍질 속에서 산다.

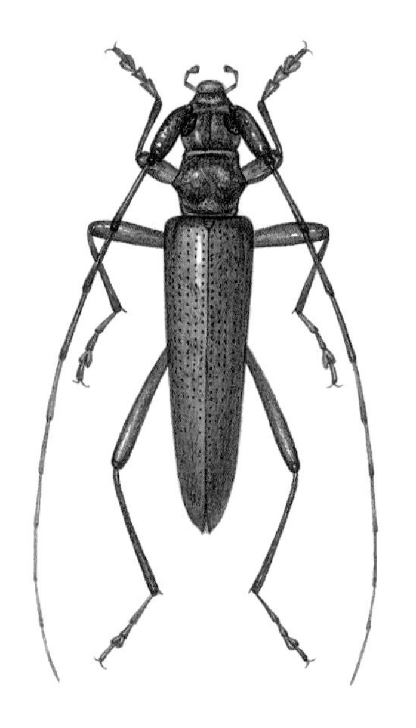

깔따구하늘소아과
몸길이 20~30mm
나오는 때 6~10월
겨울나기 애벌레

깔따구하늘소 *Distenia gracilis gracilis*

깔따구하늘소는 온몸이 밤색을 띠고, 옅은 잿빛 가루가 덮여 있다. 앞가슴등판 가운데 양옆이 뾰족하게 튀어나왔다. 온 나라 산에서 쉽게 볼 수 있다. 어른벌레는 오후부터 늦은 밤까지 나무줄기에서 볼 수 있다. 밤에 불빛으로 날아오기도 한다. 짝짓기를 마친 암컷은 전나무, 가문비나무, 소나무 같은 나무뿌리에 알을 낳는다. 애벌레는 나무뿌리나 줄기 속에서 산다. 애벌레로 겨울을 난다.

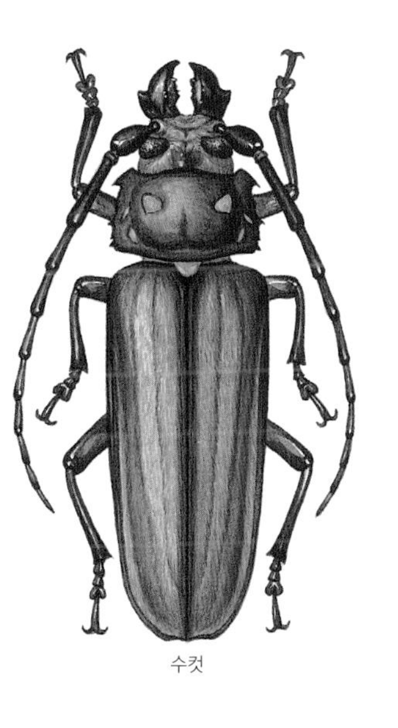

수컷

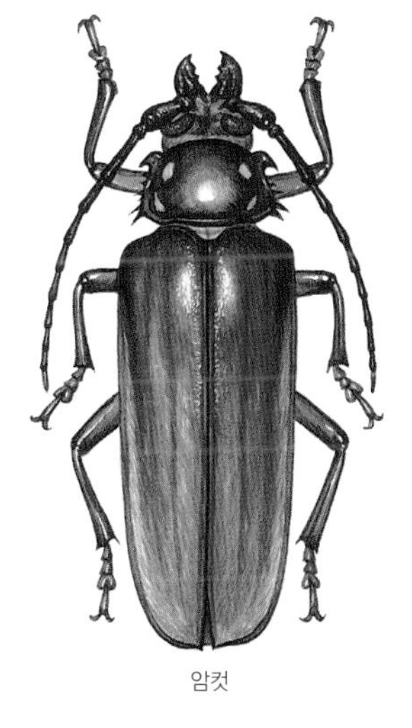

암컷

톱하늘소아과
몸길이 수컷 100～120mm, 암컷 60～90mm
나오는 때 6～9월
겨울나기 애벌레

장수하늘소 *Callipogon relictus*

장수하늘소는 우리나라에 사는 하늘소 가운데 몸집이 가장 크고 힘도 가장 세다. 톱하늘소처럼 앞가슴등판 양쪽 가장자리가 톱날처럼 뾰족하게 튀어나왔다. 앞가슴등판에는 털이 뭉쳐서 생긴 노란 점이 한 쌍 있다. 딱지날개는 누런 털로 덮여 있다. 어른벌레는 7~8월 여름에 가장 많이 보인다. 신갈나무, 물푸레나무, 느릅나무 같은 나무가 자라는 숲에서 산다. 천연기념물 제218호로 정해서 보호하고 있다.

톱하늘소아과
몸길이 30～60mm
나오는 때 5～9월
겨울나기 애벌레

버들하늘소 *Aegosoma sinicum sinicum*

버들하늘소 수컷은 붉은 밤색이고, 암컷은 검은 밤색이다. 수컷 더듬이는 굵고, 암컷은 꽁무니에 기다란 알을 낳는 관이 있다. 딱지날개에는 기다랗게 솟은 세로줄이 4개씩 있다. 온 나라 산에서 쉽게 볼 수 있다. 도시에서도 보인다. 6~8월에 많이 보인다. 낮에는 숨어 있다가 밤에 나와 참나무에서 흐르는 나뭇진을 먹는다. 밤에 불빛을 보고 날아오기도 한다.

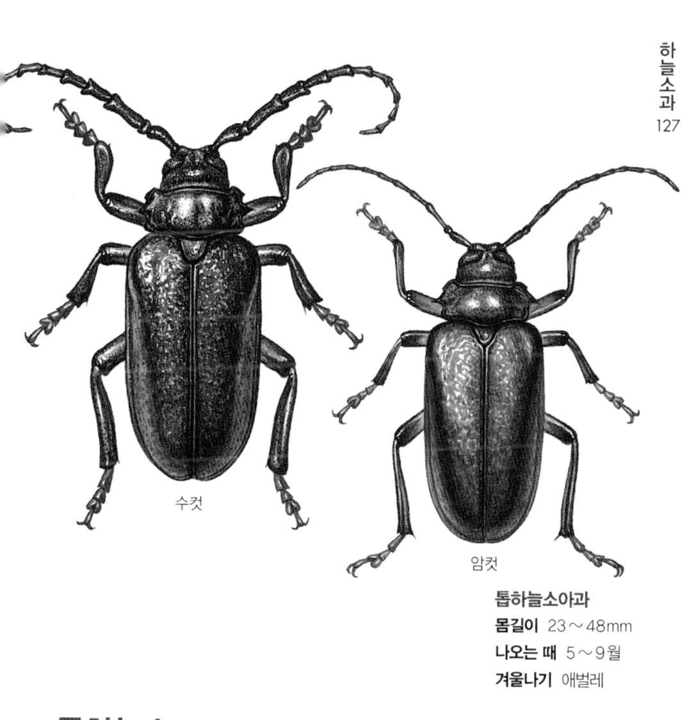

톱하늘소아과
몸길이 23~48mm
나오는 때 5~9월
겨울나기 애벌레

톱하늘소 *Prionus insularis insularis*

톱하늘소는 톱사슴벌레만큼 몸집이 크고 새카맣다. 앞가슴등판 양옆에 기다란 톱날 같은 돌기가 삐쭉삐쭉 나와 있고 더듬이도 톱날 같다. 더듬이는 제 몸보다 짧고, 다른 하늘소는 더듬이가 11마디인데 톱하늘소만 12마디다. 톱하늘소는 온 나라 큰 나무가 우거진 깊은 산속에 산다. 어른벌레는 한여름에 더 많이 보인다. 손으로 잡으면 뒷다리와 딱지날개를 비벼 '끼이 끼이' 하고 소리를 낸다.

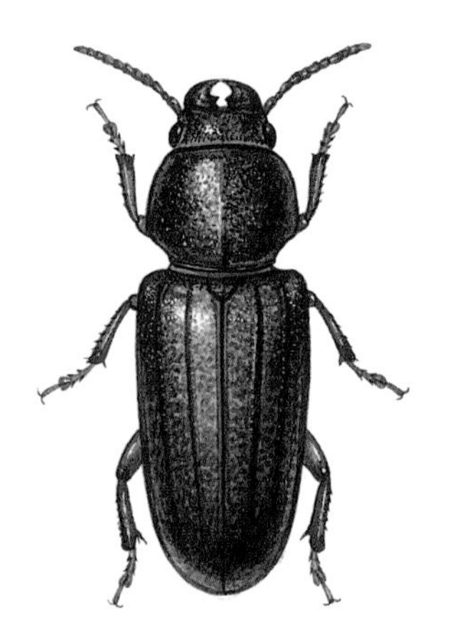

검정하늘소아과
몸길이 12~25mm
나오는 때 7~9월
겨울나기 애벌레

검정하늘소 *Spondylis buprestoides*

검정하늘소는 이름처럼 온몸이 까맣고, 번쩍거리지 않는다. 더듬이는 아주 짧다. 딱지날개에는 세로로 홈이 난 줄이 2개씩 있다. 이 세로줄은 수컷은 뚜렷한데 암컷은 희미하다. 턱이 몸에 비해 아주 크다. 머리와 딱지날개 사이에는 노란 털이 나 있다. 온 나라 산에서 제법 쉽게 볼 수 있다. 7월에 가장 많이 볼 수 있다. 낮에는 나무 틈에 숨어 있다가 밤이 되면 나온다. 불빛으로 날아오기도 한다.

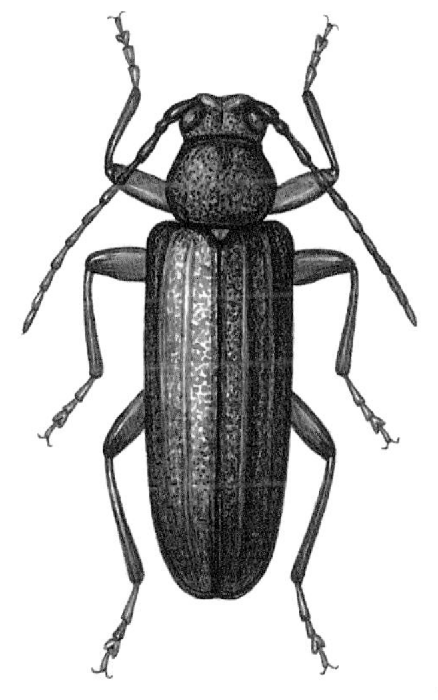

넓적하늘소아과
몸길이 12～30mm
나오는 때 6～8월
겨울나기 애벌레

큰넓적하늘소 *Arhopalus rusticus rusticus*

큰넓적하늘소는 몸빛이 붉은 밤색이다. 딱지날개에는 자잘한 털이 덮여 있다. 앞가슴등판은 둥그스름하다. 온 나라 산에서 쉽게 볼 수 있다. 삼나무, 황철나무, 전나무, 소나무, 편백, 향나무 같은 나무에서 산다. 소나무를 잘라 쌓아 놓은 곳에서도 많이 보인다. 낮에는 나무껍질 밑에 숨어 있다가 해 질 녘에 나와 돌아다닌다. 밤에 불빛을 보고 날아오기도 한다.

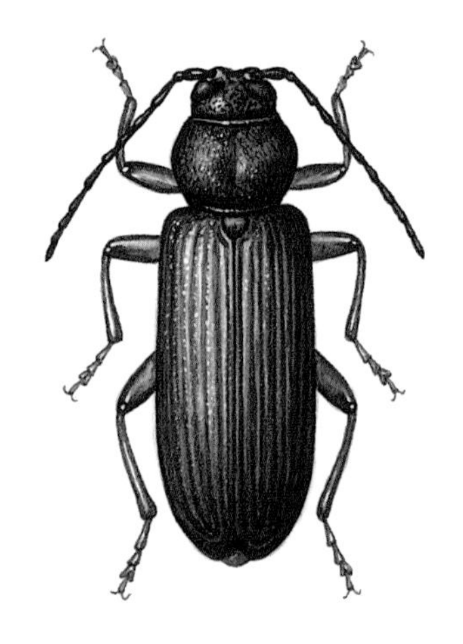

넓적하늘소아과
몸길이 8~22mm
나오는 때 5~8월
겨울나기 애벌레

작은넓적하늘소 *Asemum striatum*

작은넓적하늘소는 큰넓적하늘소와 닮았는데, 딱지날개에 튀어나온 세로줄이 6개씩 있어서 더 많다. 몸빛은 까맣거나 검은 밤색이다. 온몸에는 짧은 털이 나 있다. 더듬이는 짧다. 온 나라 산에서 볼 수 있다. 낮에는 나무 틈 같은 곳에 숨어 있다가 밤에 나온다. 불빛에도 날아온다. 짝짓기를 마친 암컷은 전나무, 분비나무, 소나무, 잣나무, 가문비나무 같은 소나무과 나무에 알을 낳는다. 알에서 나온 애벌레는 나무속을 파먹으며 자란다.

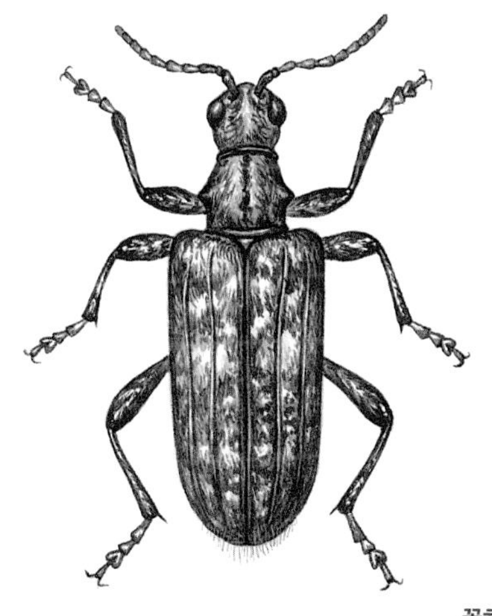

꽃하늘소아과
몸길이 9～20mm
나오는 때 3～5월
겨울나기 어른벌레

소나무하늘소 *Rhagium inquisitor rugipenne*

소나무하늘소는 이름처럼 소나무에 많이 산다. 몸은 검은 밤색이고 하얀 털이 나 있다. 더듬이가 짧다. 앞가슴등판 양쪽에 가시 같은 돌기가 튀어나왔다. 딱지날개에는 까만 점과 잿빛 점이 뒤섞여 얼룩덜룩하다. 온 나라 바늘잎나무 숲에서 쉽게 볼 수 있다. 이른 봄부터 나와 5월까지 낮에 나와 돌아다닌다. 소나무를 잘라 놓은 곳에서 자주 보인다.

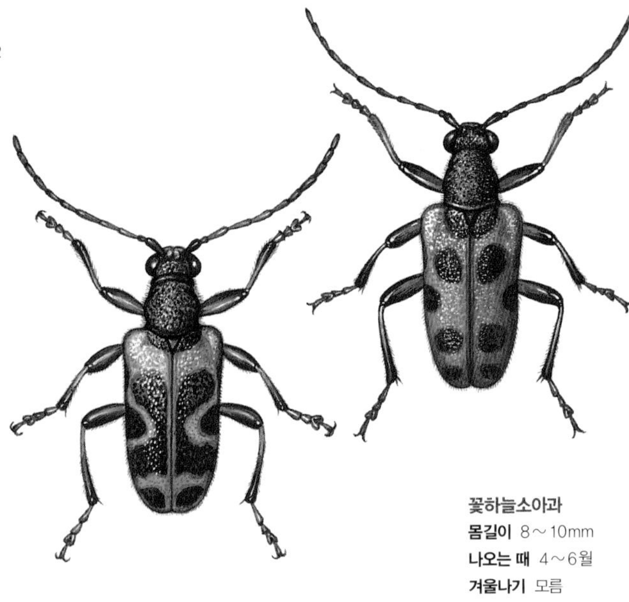

꽃하늘소아과
몸길이 8~10mm
나오는 때 4~6월
겨울나기 모름

봄산하늘소 *Brachyta amurensis*

봄산하늘소는 딱지날개가 노란데 까만 무늬가 나 있다. 몸빛과 까만 무늬 생김새가 여러 가지다. 머리와 앞가슴등판은 까맣다. 우리나라 중부와 북부 지방에서 많이 살고, 남부 지방에서는 산에서 가끔 보인다. 낮에 꽃에 날아온다.

꽃하늘소아과
몸길이 16～23mm
나오는 때 4～6월
겨울나기 애벌레

고운산하늘소 *Brachyta bifasciata bifasciata*

고운산하늘소는 딱지날개가 노란데, 끄트머리는 까맣다. 가운데쯤에는 까만 점이 3개씩 있다. 경기도와 강원도 제법 높은 산에서 드묵게 볼 수 있다. 4월부터 6월까지 볼 수 있다. 낮에 꽃에 날아와 꽃가루와 꽃잎을 먹는다. 꽃 위에서 짝짓기를 하고, 암컷은 흙 속이나 식물 뿌리 둘레에 알을 낳는다. 알에서 나온 애벌레는 식물 줄기 속으로 파고 들어간다. 다 자란 애벌레는 다시 흙 속으로 들어가 번데기 방을 만든 뒤 번데기가 된다.

꽃하늘소아과
몸길이 9～13mm
나오는 때 5～7월
겨울나기 애벌레

청동하늘소 *Gaurotes ussuriensis*

청동하늘소는 이름처럼 딱지날개가 청동빛을 띤다. 허벅지마디는 굵고 종아리마디는 가늘다. 허벅지마디 앞쪽이 빨갛고 마디는 까맣다. 온 나라 산에서 보인다. 낮에 꽃에 날아오고, 썩은 소나무에서도 가끔 보인다. 짝짓기를 마친 암컷은 느릅나무, 참나무 같은 나무껍질 밑이나 썩은 나뭇가지에 알을 낳는다. 애벌레는 나무껍질 밑을 갉아 먹다가 겨울을 난다. 이듬해 다 자란 애벌레는 나무를 뚫고 나와 땅속으로 들어가 번데기가 된다.

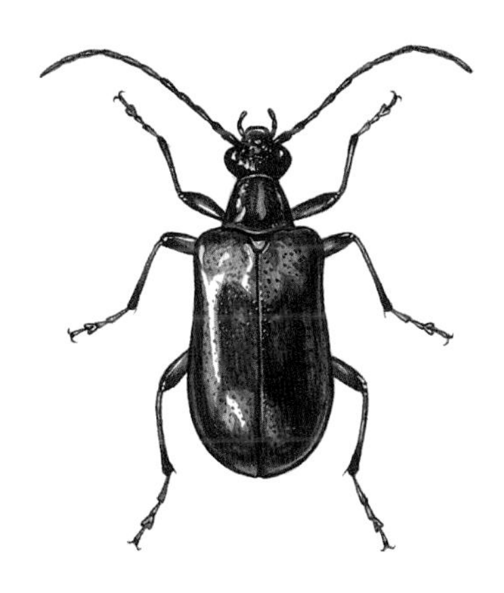

꽃하늘소아과
몸길이 6～8mm
나오는 때 5～7월
겨울나기 애벌레

남풀색하늘소 *Dinoptera minuta minuta*

남풀색하늘소는 다른 하늘소에 비해 몸이 작다. 몸은 파랗게 반짝거린다. 앞가슴은 아주 좁고 긴데, 딱지날개는 아주 넓적하다. 작은청동하늘소와 생김새가 닮았는데, 남풀색하늘소는 딱지날개에 있는 홈이 아주 작고 빽빽하게 나 있어서 다르다. 남풀색하늘소는 온 나라 산에서 산다. 한낮에 봄에 피는 여러 가지 꽃에 날아와 꽃가루를 먹는다.

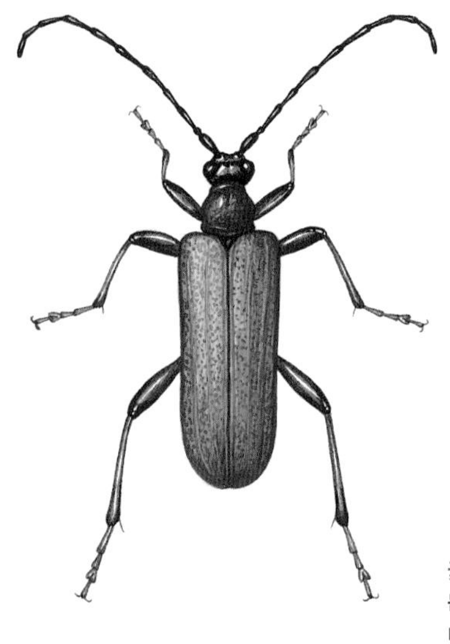

꽃하늘소아과
몸길이 10～16mm
나오는 때 5～7월
겨울나기 애벌레

우리꽃하늘소 *Sivana bicolor*

우리꽃하늘소는 딱지날개와 앞가슴등판이 빨갛고, 머리와 다리는 까맣다. 더듬이가 길어서 딱지날개 끝까지 온다. 경기도와 강원도 산에서 드물게 볼 수 있다. 낮에 여러 가지 꽃에 날아온다. 암컷은 갈매나무에 알을 낳는다. 애벌레는 갈매나무 뿌리나 나무속을 갉아 먹는다. 땅속에서 번데기가 되고, 어른벌레가 되면 땅을 뚫고 나온다. 수컷이 먼저 땅 위로 나오면 암컷이 나오는 곳에서 기다리다가 암컷이 나오면 바로 짝짓기를 한다.

암컷

수컷

꽃하늘소아과
몸길이 10～15mm
나오는 때 6～8월
겨울나기 애벌레

따색하늘소 *Pseudosieversia rufa*

따색하늘소는 온몸이 붉은 밤색이고, 누런 털이 덮여 있다. 딱지날개 끄트머리가 잘린 듯이 반듯하다. 암컷은 딱지날개와 다리가 검은 밤색이다. 낮에 꽃으로 날아오고, 잎이나 썩은 나뭇가지에서 쉬는 모습도 종종 보인다. 밤에 불빛으로 날아오기도 한다. 애벌레는 나무뿌리를 갉아 먹고 땅속에서 번데기 방을 만든 뒤 어른벌레로 날개돋이 해서 밖으로 나온다. 수컷이 먼저 밖으로 나와 암컷이 밖으로 나오면 바로 짝짓기를 한다.

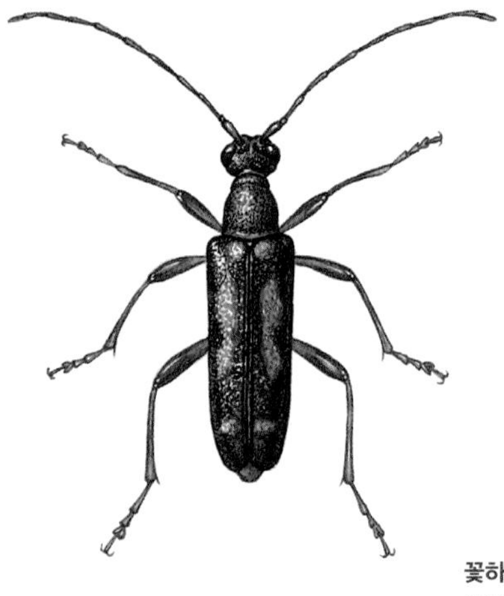

꽃하늘소아과
몸길이 8～10mm
나오는 때 5～7월
겨울나기 모름

산각시하늘소 *Pidonia amurensis*

산각시하늘소는 다른 하늘소에 비해 몸이 작다. 딱지날개는 까만데, 누런 띠무늬가 있다. 하지만 개체에 따라 무늬가 다르다. 머리와 앞가슴등판은 까맣다. 더듬이는 몸보다 길다. 온 나라 산이나 숲 가장자리에서 볼 수 있다. 낮에 꽃에 날아와 꽃잎이나 꽃가루를 먹는다. 우리나라에는 15종쯤 되는 각시하늘소류가 있는데, 거의 모두 몸집이 작고 몸빛도 비슷해서 구별하기 어렵다.

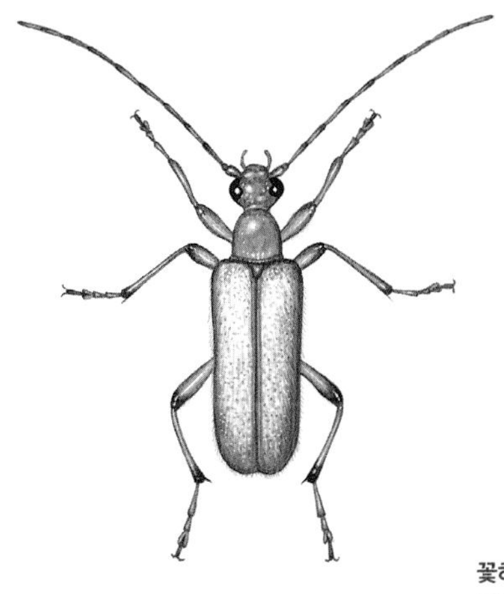

꽃하늘소아과
몸길이 6~8mm
나오는 때 5~6월
겨울나기 애벌레

노랑각시하늘소 *Pidonia debilis*

노랑각시하늘소는 온 나라 산에서 쉽게 볼 수 있다. 이름처럼 온몸이 노랗다. 봄에 여러 가지 꽃에 날아와 꽃가루를 갉아 먹는다. 한낮에 하얀 꽃에 수십 마리가 모이기도 한다. 짝짓기를 마친 암컷은 썩은 나뭇가지를 큰턱으로 물어뜯은 뒤 그 속에 알을 낳는다. 알을 낳은 암컷은 죽는다. 알에서 나온 애벌레는 나무속을 갉아 먹으면 큰다. 애벌레로 겨울을 나고 이듬해 봄에 번데기가 되어 어른벌레로 날개돋이 한다. 어른벌레는 일주일쯤 산다.

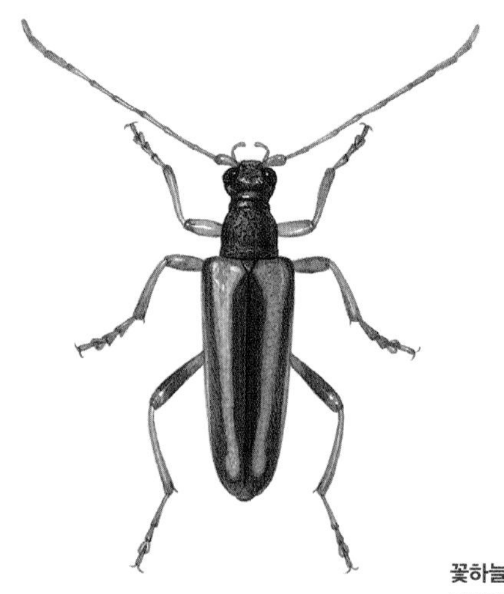

꽃하늘소아과
몸길이 7～13mm
나오는 때 5～6월
겨울나기 애벌레

줄각시하늘소 *Pidonia gibbicolis*

줄각시하늘소는 온 나라 넓은잎나무 숲에서 쉽게 볼 수 있다. 산각시하늘소와 닮았는데, 줄각시하늘소는 앞가슴등판 가운데가 세로로 길게 솟아올랐고, 딱지날개에 있는 줄무늬가 날개 끝까지 이어져서 다르다. 한낮에 여러 가지 꽃에 날아와 꽃가루를 갉아 먹는다.

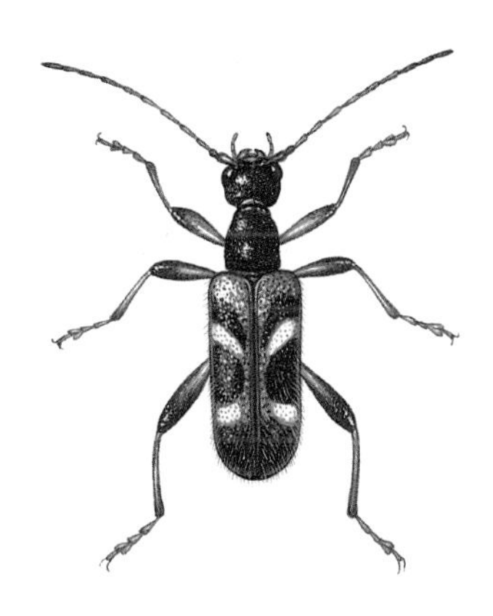

꽃하늘소아과
몸길이 5∼8mm
나오는 때 5∼7월
겨울나기 애벌레

넉점각시하늘소 *Pidonia puziloi*

넉점각시하늘소는 각시하늘소 무리 가운데 몸집이 가장 작다. 딱지날개에 하얀 무늬가 네 개 있다. 온 나라 넓은잎나무 숲에서 쉽게 볼 수 있다. 낮에 봄에 피는 여러 가지 꽃에 날아와 꽃가루를 먹는다. 암컷은 썩은 나무껍질 밑이나 썩은 나뭇가지 속에 알을 낳는다. 알에서 나온 애벌레는 썩은 나무속을 파먹고 산다. 그 속에서 한두 해를 살다가 번데기가 된 뒤 여름 들머리부터 어른벌레로 날개돋이 해서 구멍을 뚫고 나온다.

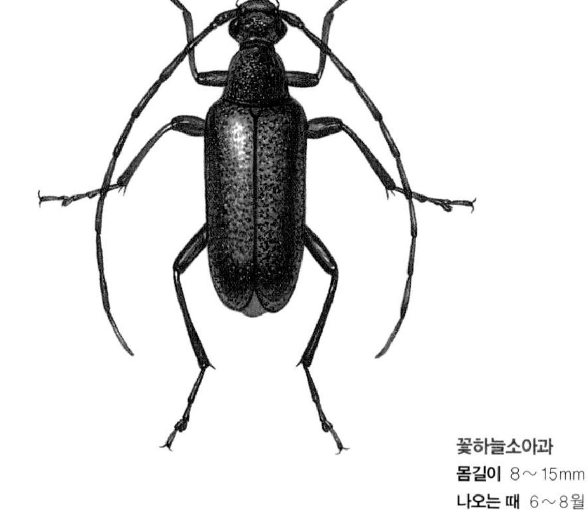

꽃하늘소아과
몸길이 8～15mm
나오는 때 6～8월
겨울나기 애벌레

메꽃하늘소 *Judolidia znojkoi*

메꽃하늘소는 온몸이 파란빛이 도는 검은색이고 살짝 반짝거린다. 온 나라 산에서 산다. 낮에 여러 가지 꽃에 날아와 꽃가루를 먹는다. 짝짓기를 마친 암컷은 괴불나무나 물푸레나무, 소나무, 낙엽송 같은 나무뿌리 둘레 흙에 알을 낳는다. 알에서 나온 애벌레는 나무뿌리 속을 파고 들어가 줄기 쪽으로 올라간 뒤 나무껍질 밑을 갉아 먹고 산다고 한다.

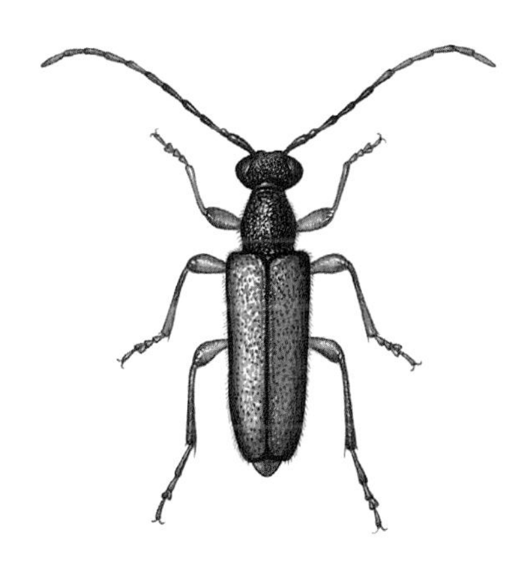

꽃하늘소아과
몸길이 4~7mm
나오는 때 5~7월
겨울나기 모름

꼬마산꽃하늘소 *Pseudalosterna elegantula*

꼬마산꽃하늘소는 딱지날개가 밤색이다. 더듬이와 머리, 앞가슴등판은 까맣다. 딱지날개는 위쪽이 넓고 아래쪽으로 좁아진다. 온 나라에서 산다. 낮에 여러 가지 꽃에 날아와 꽃가루를 먹는다. 짝짓기를 마친 암컷은 칡 같은 덩굴 식물 나무껍질 틈에 알을 낳는다. 애벌레는 나무껍질 밑을 갉아 먹고 크다가 번데기 방을 만들고 번데기가 된다.

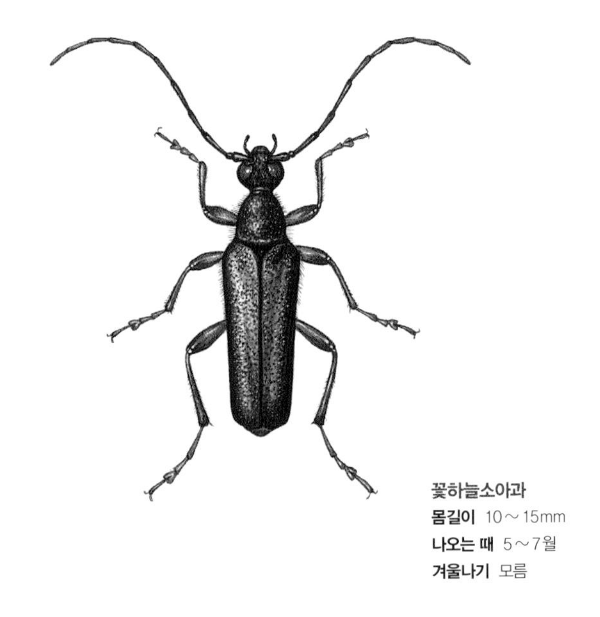

꽃하늘소아과
몸길이 10～15mm
나오는 때 5～7월
겨울나기 모름

남색산꽃하늘소 *Anoplodermorpha cyanea*

남색산꽃하늘소는 딱지날개가 푸르스름하고 까만 털이 나 있다. 머리와 더듬이, 앞가슴등판은 푸르스름한 검은색이다. 몸 아래쪽과 다리도 푸르스름한 검은색이고 까만 털이 잔뜩 나 있다. 중부와 북부 지방 산에서 보인다. 낮에 여러 가지 꽃에 날아와 꽃잎과 꽃가루를 먹는다. 짝짓기를 마친 암컷은 썩은 물푸레나무, 참나무 같은 나무껍질에 알을 낳는다. 애벌레는 나무속을 파먹고 크다가 어른벌레가 되면 밖으로 나온다.

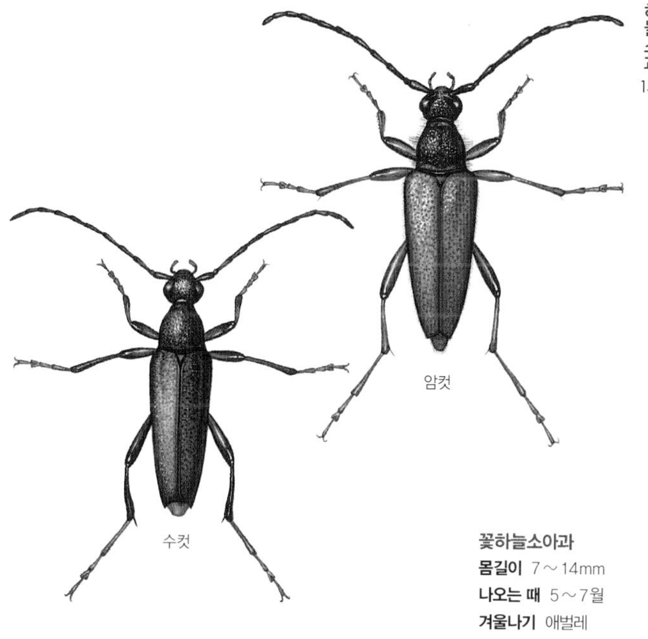

꽃하늘소아과
몸길이 7~14mm
나오는 때 5~7월
겨울나기 애벌레

수검은산꽃하늘소 *Anastrangalia scotodes continentalis*

수검은산꽃하늘소는 이름처럼 수컷은 온몸이 까맣고, 암컷은 딱지날개가 빨갛다. 더듬이 끄트머리 5마디가 잿빛을 띤다. 온 나라 산에서 제법 쉽게 볼 수 있다. 어른벌레는 5월부터 7월까지 여러 가지 꽃에 날아와 꽃가루를 갉아 먹는다. 짝짓기를 마친 암컷은 썩은 바늘잎나무 나무껍질 틈에 알을 낳는다. 애벌레는 나무줄기 속을 파먹고 큰다.

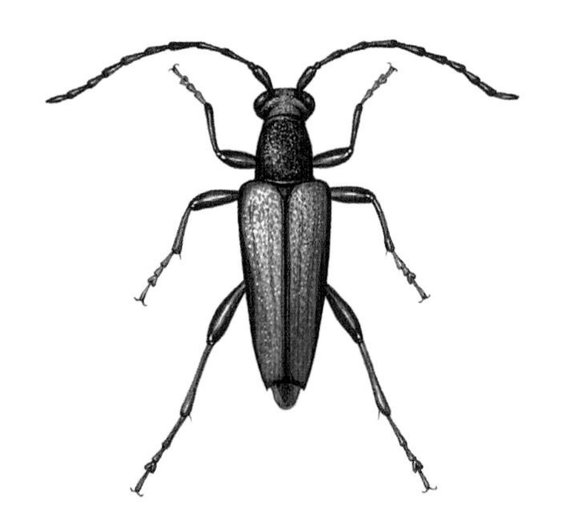

꽃하늘소아과
몸길이 8~13mm
나오는 때 5~6월
겨울나기 애벌레

옆검은산꽃하늘소 *Anastrangalia sequensi*

옆검은산꽃하늘소는 머리와 가슴이 까맣고, 노란 털이 나 있다. 딱지날개는 누런 밤색인데, 딱지날개가 맞붙는 곳과 날개 테두리, 날개 끝이 까맣다. 옆에서 보면 까맣게 보인다고 이런 이름이 붙었다. 온 나라 바늘잎나무 숲에서 볼 수 있다. 오뉴월 봄에 여러 가지 꽃에 날아와 꽃잎과 꽃가루를 먹는다. 짝짓기를 마친 암컷은 썩은 잎갈나무 나무껍질 속에 알을 낳는다. 알에서 나온 애벌레는 나무속을 파먹으며 큰다. 어른벌레가 되면 밖으로 나온다.

꽃하늘소아과
몸길이 12～22mm
나오는 때 6～9월
겨울나기 애벌레

붉은산꽃하늘소 *Stictoleptura rubra*

붉은산꽃하늘소는 앞가슴등판과 딱지날개가 빨갛다. 더듬이는 톱니처럼 생겼다. 온 나라 산에서 쉽게 볼 수 있다. 어른벌레는 7~8월에 가장 많이 보인다. 낮에 여러 가지 꽃에 날아와 꽃가루를 먹는다. 늦은 오후에는 산꼭대기에서 날아다니기도 한다. 짝짓기를 마친 암컷은 쓰러지거나 썩은 소나무나 곰솔, 민물오리나무, 상수리나무나 졸참나무 나무껍질 틈에 알을 낳는다. 알에서 나온 애벌레는 나무속을 파먹고 산다.

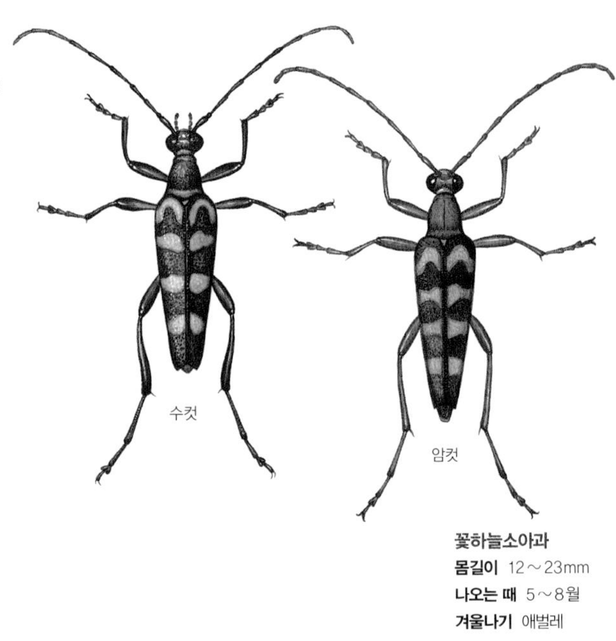

꽃하늘소아과
몸길이 12~23mm
나오는 때 5~8월
겨울나기 애벌레

긴알락꽃하늘소 *Leptura annularis annularis*

긴알락꽃하늘소는 몸에 노란 줄무늬가 4줄씩 가로로 나 있다. 맨 앞에 있는 노란 무늬는 U자처럼 굽었다. 수컷이 암컷보다 조금 작다. 수컷은 더듬이와 다리가 까만데, 암컷은 누런 밤색을 띤다. 어른벌레는 온 나라 산에서 흔하게 볼 수 있다. 낮에 신나무나 산딸기, 백당나무 같은 여러 가지 꽃에 날아오는데 5월에 가장 흔하다.

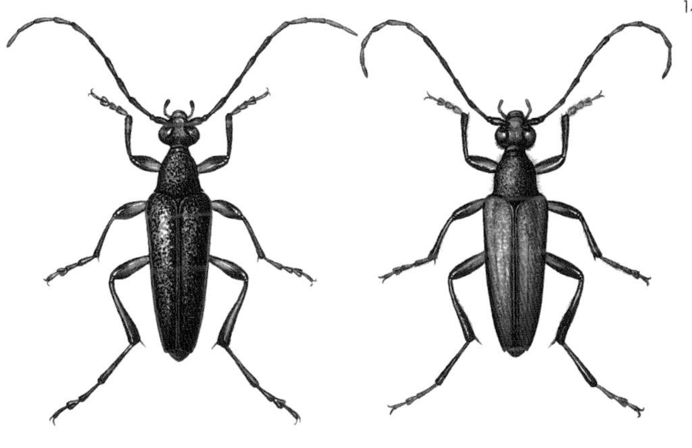

꽃하늘소아과
몸길이 12~17mm
나오는 때 5~8월
겨울나기 애벌레

꽃하늘소 *Leptura aethiops*

꽃하늘소는 온몸이 까맣다. 때때로 짙은 밤색인 것도 있다. 수컷은 암컷보다 앞가슴등판이 길다. 온 나라 산이나 들판에서 제법 쉽게 볼 수 있다. 낮에 여러 가지 꽃에 날아들어 꽃가루를 먹는다. 암컷은 썩은 바늘잎나무나 넓은잎나무 둥치에 알을 낳는다. 애벌레는 처음에는 나무껍질 밑을 갉아 먹다가 시나브로 나무속으로 파고든다. 다 자란 애벌레는 나무속에서 번데기가 된 뒤 어른벌레가 되면 밖으로 나온다.

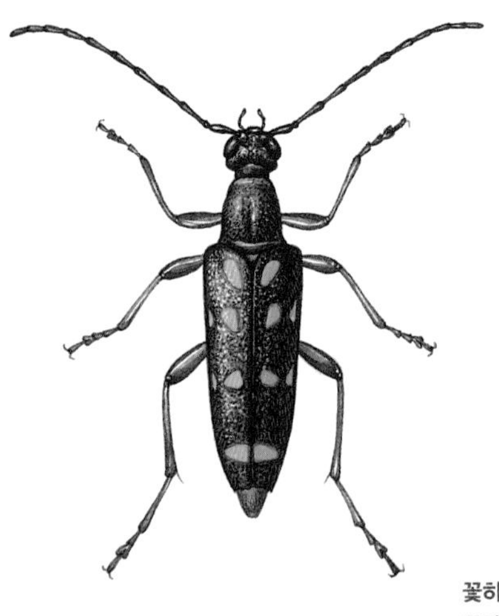

꽃하늘소아과
몸길이 11~15mm
나오는 때 5~8월
겨울나기 애벌레

열두점박이꽃하늘소 *Leptura duodecimguttata duodecimguttata*

열두점박이꽃하늘소는 이름처럼 딱지날개에 노란 무늬가 12개 있다. 하지만 노란 무늬가 흐리거나 아예 없이 까만 것도 있다. 온 나라 산에서 제법 쉽게 볼 수 있다. 낮에 여러 가지 꽃에 날아와 꽃가루를 갉아 먹는다. 짝짓기를 마친 암컷은 여러 가지 죽은 물박달나무나 사과나무 같은 넓은잎나무 나무껍질 틈에 알을 낳는다. 알에서 나온 애벌레는 나무속을 파고 들어가 갉아 먹다가 그 속에서 번데기가 된다.

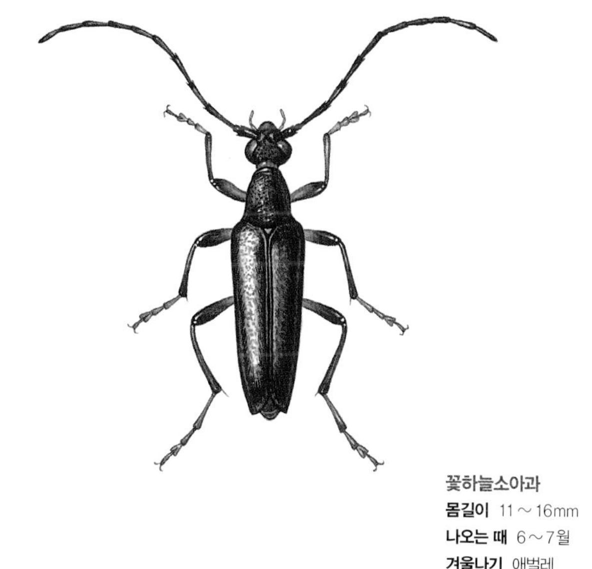

꽃하늘소아과
몸길이 11～16mm
나오는 때 6～7월
겨울나기 애벌레

노란점꽃하늘소 *Pedostrangalia femoralis*

노란점꽃하늘소는 이름과 달리 온몸이 까맣다. 허벅지마다 앞쪽은 누런색을 띤다. 나라 밖에서 사는 것은 딱지날개 어깨에 누런 점무늬가 있다. 온 나라에서 볼 수 있다. 여러 가지 꽃에 날아와 꽃가루를 먹는다. 짝짓기를 마친 암컷은 조팝나무 같은 넓은잎나무 나무껍질 속에 알을 낳는다.

수컷

암컷

꽃하늘소아과
몸길이 11～17mm
나오는 때 5～7월
겨울나기 애벌레

알통다리꽃하늘소 *Oedecnema gebleri*

알통다리꽃하늘소는 이름처럼 수컷 뒷다리 허벅지마디가 알통처럼 툭 불거졌다. 머리와 앞가슴등판은 까맣다. 딱지날개는 빨간데 까만 점이 5쌍 마주 있다. 온 나라 산에서 제법 흔하게 볼 수 있다. 여러 가지 꽃에 날아와 꽃가루를 갉아 먹는다. 짝짓기를 마친 암컷은 썩은 넓은잎나무나 바늘잎나무 둥치에 알을 낳는다. 알에서 나온 애벌레는 나무 속을 파먹는다. 다 자란 애벌레는 뿌리 쪽 땅속에서 번데기 방을 만들고 번데기가 된다.

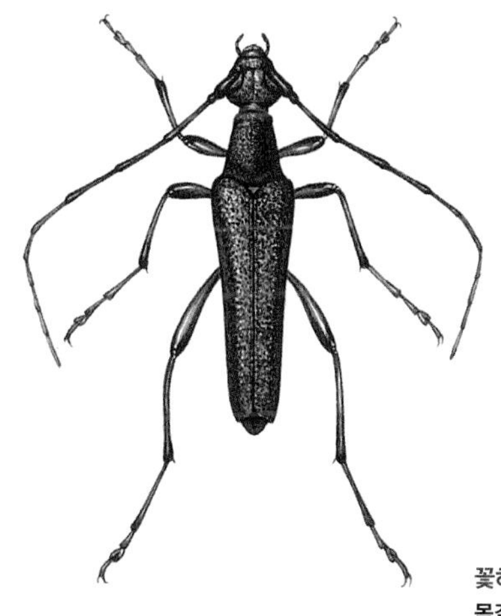

꽃하늘소아과
몸길이 6～15mm
나오는 때 5～8월
겨울나기 애벌레

깔따구꽃하늘소 *Strangalomorpha tenuis tenuis*

깔따구꽃하늘소는 온몸이 까만데 짧고 하얀 털로 덮여 있다. 몸은 길쭉하고 딱지날개는 위쪽이 넓고 아래쪽으로 갸름해진다. 더듬이는 몸보다 길다. 우리나라 넓은잎나무 숲에서 보인다. 산에 핀 여러 가지 꽃에 날아와 꽃가루를 먹는다. 암컷은 버드나무나 귀룽나무, 느릅나무 같은 나무껍질 틈에 알을 낳는다. 애벌레는 나무껍질 밑을 갉아 먹다가 시나브로 속으로 파고 들어간다. 나무속에서 번데기가 된 뒤 어른벌레가 되면 밖으로 나온다.

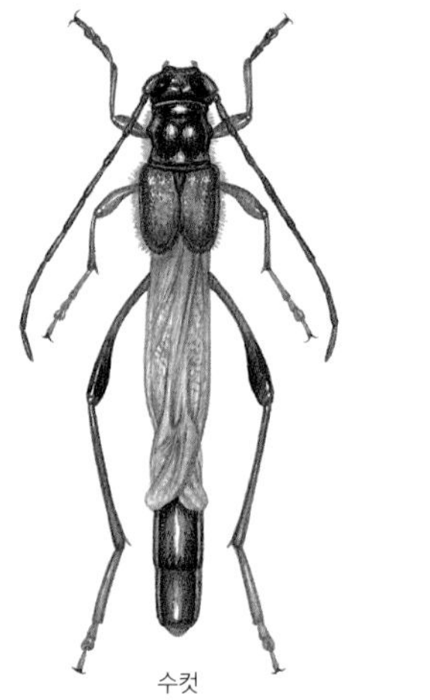
수컷

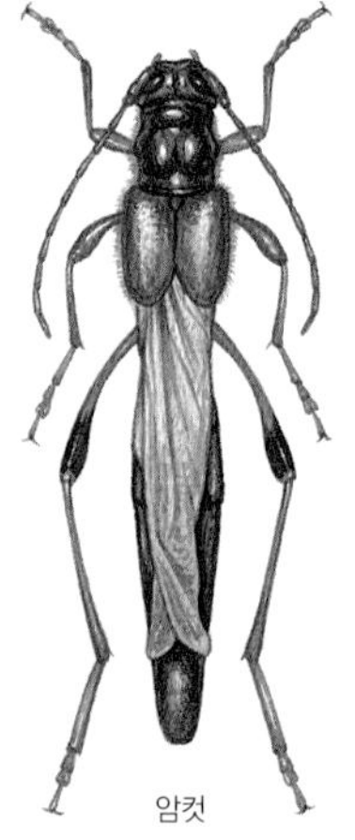
암컷

꽃하늘소아과
몸길이 21～32mm
나오는 때 7～8월
겨울나기 모름

벌하늘소 *Necydalis major major*

벌하늘소는 생김새가 마치 벌을 닮았다고 붙은 이름이다. '벌붙이하늘소'라고도 한다. 온몸은 까맣고, 앞가슴등판은 둥그렇다. 뒷다리 허벅지마디는 곤봉처럼 불룩하고 끝이 까맣다. 아주 드물게 볼 수 있다. 사시나무나 오리나무, 느릅나무, 버드나무, 벚나무, 너도밤나무 같은 나무가 썩은 곳에 날아온다.

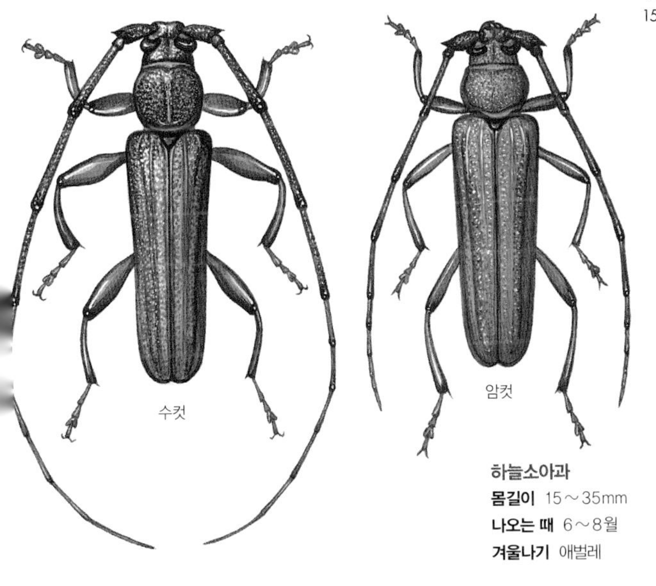

하늘소아과
몸길이 15～35mm
나오는 때 6～8월
겨울나기 애벌레

청줄하늘소 *Xystrocera globosa*

청줄하늘소는 앞가슴등판과 딱지날개에 파르스름한 풀빛 세로 줄무늬가 있다. 수컷은 암컷보다 더듬이가 길고, 가운뎃다리가 더 길고 굵다. 온 나라 넓은잎나무 숲에서 볼 수 있다. 가끔 도시에서도 보인다. 밤에 나와 돌아다니고 불빛으로 날아오기도 한다. 어른벌레는 자귀나무에서 자주 보인다. 애벌레는 죽은 자귀나무 속을 파먹고 큰다.

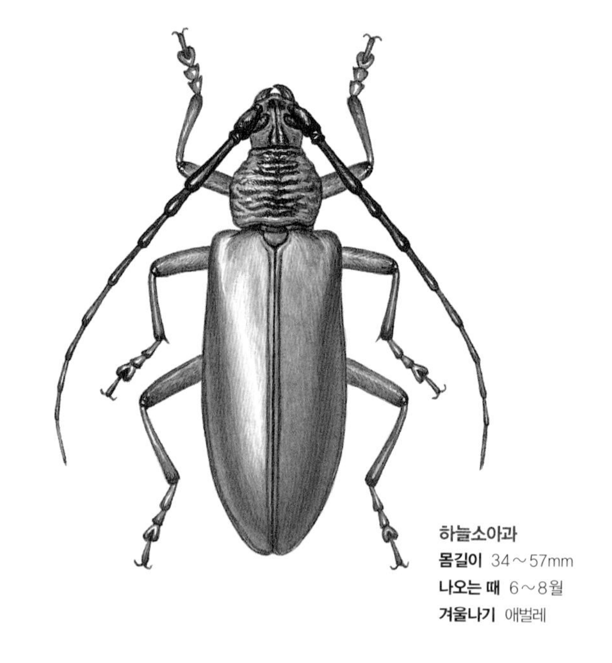

하늘소아과
몸길이 34~57mm
나오는 때 6~8월
겨울나기 애벌레

하늘소 *Neocerambyx raddei*

하늘소는 장수하늘소 다음으로 우리나라에서 큰 하늘소다. 겉에 무늬가 없고 윤기가 있어서 '미끈이하늘소'라고도 한다. 수컷 더듬이는 몸길이보다 길다. 암컷 더듬이는 수컷보다 짧다. 온 나라 넓은잎나무 숲에서 제법 쉽게 볼 수 있다. 늦봄부터 가을까지 보이는데 6월부터 8월에 많다. 밤에 나와 돌아다니고 참나무에 흐르는 나뭇진에 날아온다. 불빛을 보고 날아오기도 한다. 마을 가까운 낮은 산에도 사는데 살아 있는 굵은 참나무나 밤나무에 알을 낳는다.

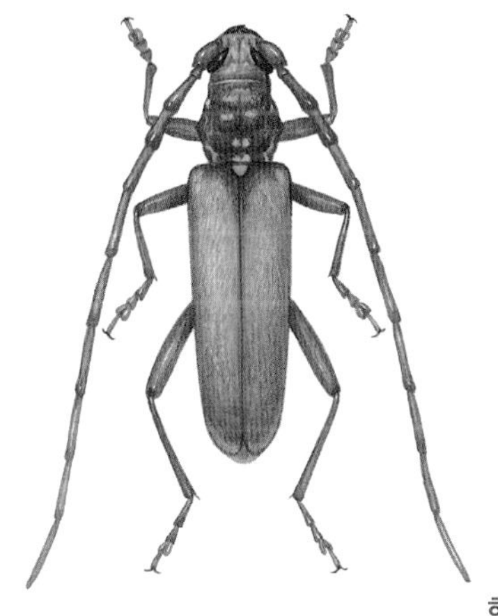

하늘소아과
몸길이 12～19mm
나오는 때 5～8월
겨울나기 애벌레

작은하늘소 *Margites fulvidus*

작은하늘소는 온몸에 밤색 털이 덮여 있다. 털이 벗겨지면 붉은 밤색을 띤다. 앞가슴등판에는 붉은 밤색 털이 뭉쳐 점이 3개 있는 것처럼 보인다. 온 나라 산에서 5월부터 8월까지 보인다. 밤에 나와 나뭇진에 자주 모인다. 밤에 불빛으로 날아오기도 한다. 암컷은 썩은 밤나무나 참나무, 느티나무 같은 나무에 알을 낳는다. 애벌레는 나무껍질 밑을 갉아 먹다가 나무속으로 들어간다. 그 속에서 번데기가 된 뒤 어른벌레로 날개돋이 해서 밖으로 나온다.

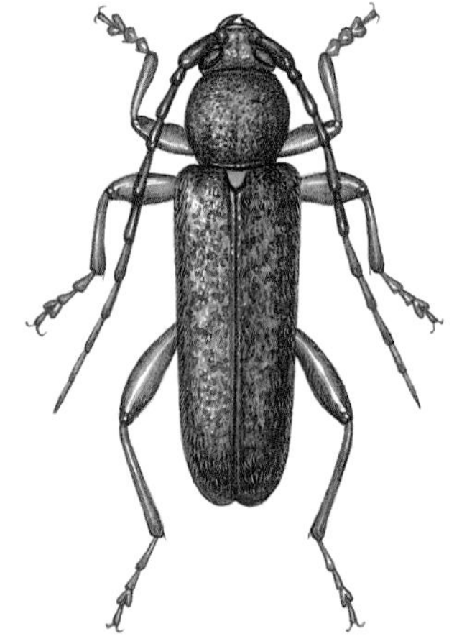

하늘소아과
몸길이 10～19mm
나오는 때 6～8월
겨울나기 애벌레

털보하늘소 *Trichoferus campestris*

털보하늘소는 온몸이 붉는 밤색인데 누르스름한 짧은 털로 덮여 있다. 허벅지마디는 곤봉처럼 툭 불거졌다. 제주도를 포함한 온 나라에서 볼 수 있다. 밤에 나와 돌아다닌다. 불빛에도 날아온다. 짝짓기를 마친 암컷은 썩은 느릅나무나 물푸레나무, 사시나무, 자작나무, 사과나무, 배나무, 아까시나무 같은 나무에 알을 낳는다.

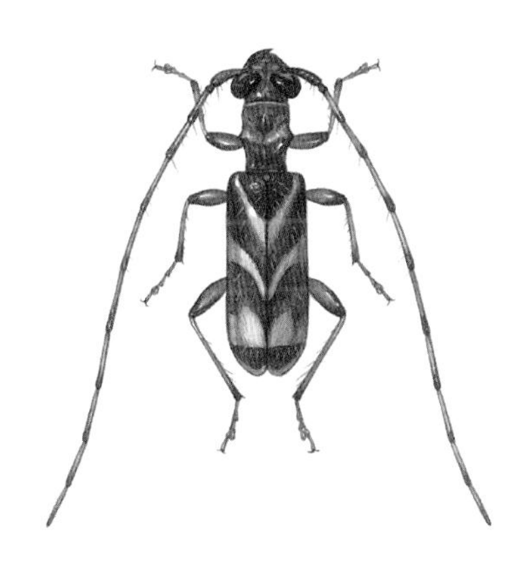

하늘소아과
몸길이 5～7mm
나오는 때 5～6월
겨울나기 어른벌레

송사리엿하늘소 *Stenhomalus taiwanus taiwanus*

송사리엿하늘소는 하늘소 가운데 몸집이 아주 작다. 온 나라 넓은잎나무 숲에서 산다. 봄에 핀 꽃에 날아온다. 밤에 불빛으로 날아오기도 한다. 짝짓기를 마친 암컷은 썩은 산초나무에 알을 낳는다. 애벌레는 처음에는 나무껍질 밑을 갉아 먹다가 크면서 줄기 속으로 들어간다. 그곳에서 번데기 방을 만든 뒤 번데기가 되었다가 어른벌레로 날개돋이 한다. 어른벌레는 번데기 방에서 겨울을 나고 봄에 밖으로 나온다.

하늘소아과
몸길이 15~18mm
나오는 때 5~8월
겨울나기 애벌레

굵은수염하늘소 *Pyrestes haematicus*

굵은수염하늘소는 온몸이 불그스름하다. 더듬이는 굵다. 3번째 마디까지는 원통처럼 생겼는데, 그 뒤로는 톱니처럼 생겼다. 온 나라 낮은 산 넓은잎나무 숲에서 볼 수 있는데, 8월에 가장 많이 보인다. 산에 핀 꽃에 날아온다. 암컷은 녹나무, 생달나무, 후박나무 같은 나무 가는 가지에 알을 낳는다. 애벌레는 크면서 굵은 가지 속으로 파고 들어간다. 다 자란 애벌레는 가지 안쪽을 갉아 땅바닥으로 떨어뜨린 뒤 그 속에서 겨울을 난다.

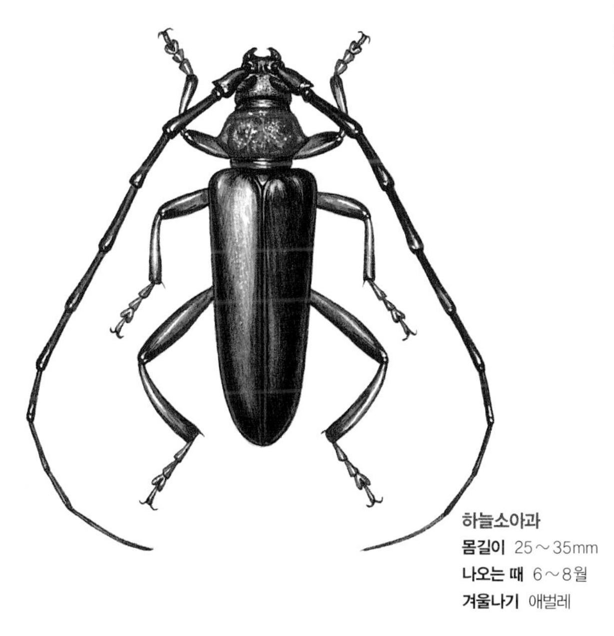

하늘소아과
몸길이 25～35mm
나오는 때 6～8월
겨울나기 애벌레

벚나무사향하늘소 *Aromia bungii*

벚나무사향하늘소는 이름처럼 벚나무에서 많이 보이고 몸에서 사향 냄새가 난다. 몸은 푸르스름한 빛이 도는 검은색으로 반짝이는데, 앞가슴등판만 빨갛다. 앞가슴등판 양옆으로 돌기가 뾰족하게 튀어나온다. 온 나라 낮은 산이나 마을 둘레, 숲 가장자리에서 산다. 도시에서도 보인다. 암컷은 오래된 벚나무, 복숭아나무 같은 나무에 알을 낳는다. 애벌레 수십 마리가 살아 있는 나무속을 파먹다가 겨울을 난다.

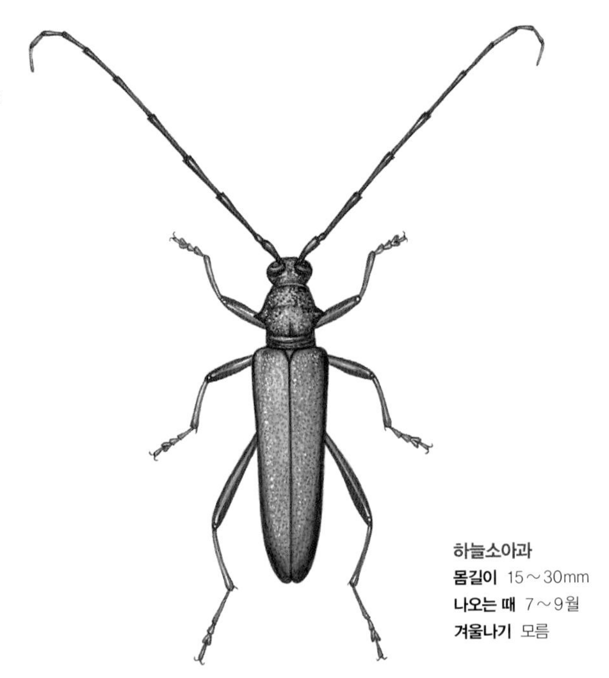

하늘소아과
몸길이 15~30mm
나오는 때 7~9월
겨울나기 모름

참풀색하늘소 *Chloridolum japonicum*

참풀색하늘소는 머리와 앞가슴등판, 딱지날개가 풀빛으로 반짝거린다. 앞가슴등판 옆쪽에는 뾰족한 돌기가 나 있다. 수컷 더듬이는 몸길이 두 배가 될 만큼 길다. 수컷은 더듬이가 길고, 암컷은 짧다. 참나무 숲에서 드물게 볼 수 있다. 저녁이 되면 나와 날아다니기 시작하고, 늙은 참나무 모인다. 애벌레도 참나무 줄기 속을 갉아 먹는다.

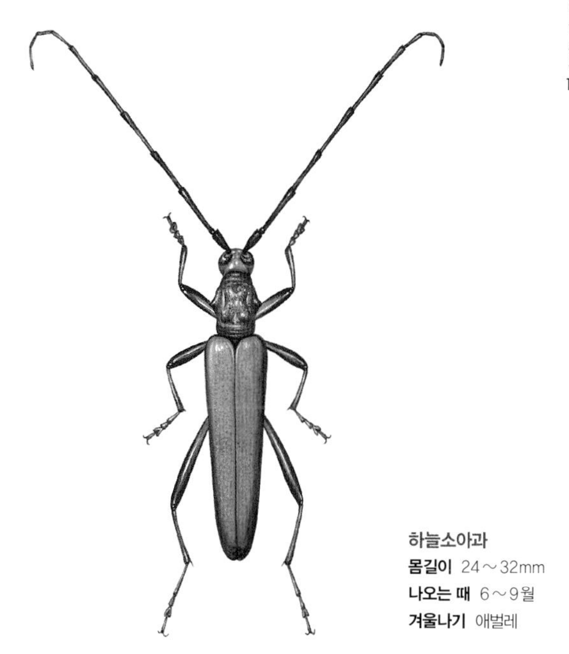

하늘소아과
몸길이 24～32mm
나오는 때 6～9월
겨울나기 애벌레

홍가슴풀색하늘소 *Chloridolum sieversi*

홍가슴풀색하늘소는 앞가슴등판이 붉은 밤색이고, 딱지날개와 머리는 풀빛으로 반짝거린다. 앞가슴등판 양옆 가운데에는 뾰족한 돌기가 있다. 수컷은 더듬이가 몸길이보다 훨씬 길다. 섬과 바닷가를 뺀 온 나라에서 볼 수 있다. 낮에는 여러 가지 꽃에 날아오고, 밤에는 참나무 진에 모인다. 불빛에도 날아온다. 벚나무사향하늘소처럼 몸에서 향기가 난다.

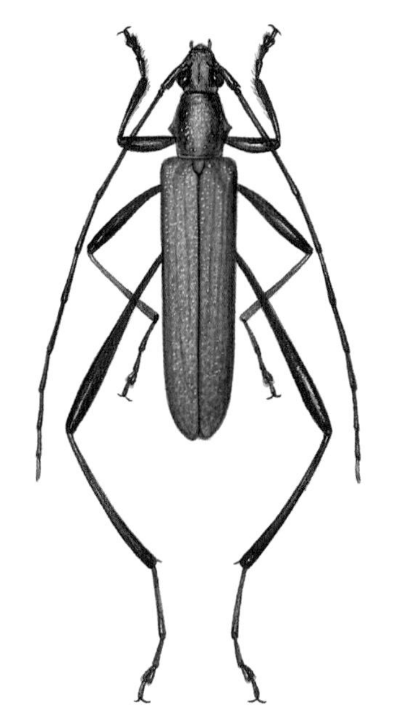

하늘소아과
몸길이 15~26mm
나오는 때 5~8월
겨울나기 애벌레

깔따구풀색하늘소 *Chloridolum viride*

깔따구풀색하늘소는 딱지날개가 푸르스름한 풀빛이다. 붉은빛이 조금 섞이기도 한다. 앞가슴은 좁고 아주 길다. 뒷다리는 아주 길다. 낮은 산에서 보인다. 낮에 나와 날아다니며 여러 꽃에 모여 꽃가루를 갉아 먹고, 꽃 위에서 짝짓기도 한다. 참나무를 베어 쌓아 놓은 곳에도 날아온다.

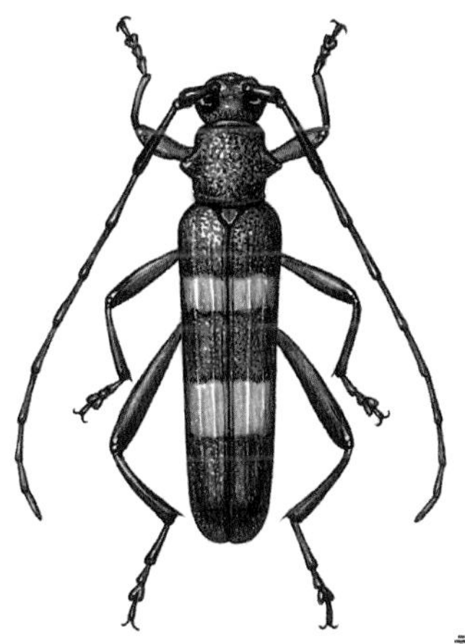

하늘소아과
몸길이 15～20mm
나오는 때 7～9월
겨울나기 애벌레

노랑띠하늘소 *Polyzonus fasciatus*

노랑띠하늘소는 짙은 남색 딱지날개에 굵고 노란 무늬가 가로로 두 줄 나 있다. 수컷이 암컷보다 더듬이가 길다. 제주도를 포함한 온 나라 들판이나 낮은 산 풀밭에서 볼 수 있다. 8월에 가장 많이 보인다. 낮에 여러 가지 꽃에 날아와 꽃가루를 먹는다. 벚나무사향하늘소처럼 몸에서 옅은 사향 냄새가 난다. 암컷은 여러 가지 버드나무에 알을 끈적끈적한 노란 물과 함께 붙여 낳는다. 애벌레는 줄기 속을 파먹고 자란다.

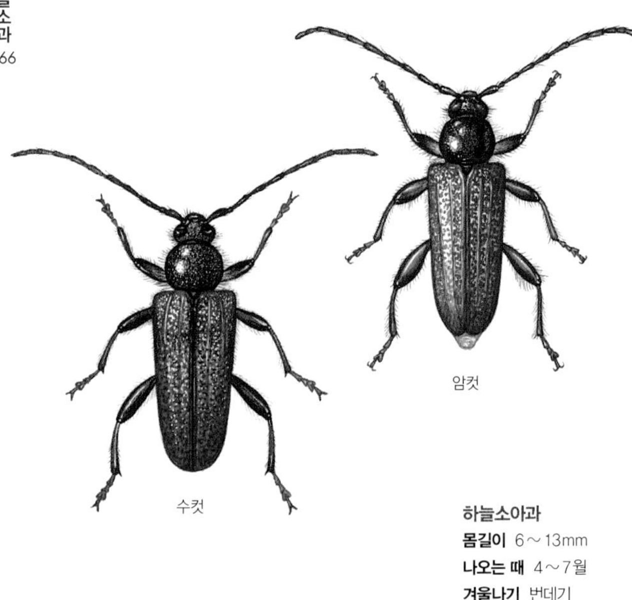

하늘소아과
몸길이 6~13mm
나오는 때 4~7월
겨울나기 번데기

애청삼나무하늘소 *Callidiellum rufipenne*

애청삼나무하늘소는 암컷과 수컷 몸빛이 다르다. 수컷 딱지날개가 파랗거나, 딱지날개 어깨 쪽만 빨갛거나 온몸이 까맣고 앞가슴등판과 다리가 밤색을 띠기도 한다. 암컷은 딱지날개가 빨갛기도 하다. 머리와 가슴이 붉거나 앞가슴등판에 밤색 점무늬가 있는 것도 있다. 온 나라 산이나 들판에서 보인다. 번데기로 겨울을 나고 이듬해 봄에 어른벌레가 되어 밖으로 나온다.

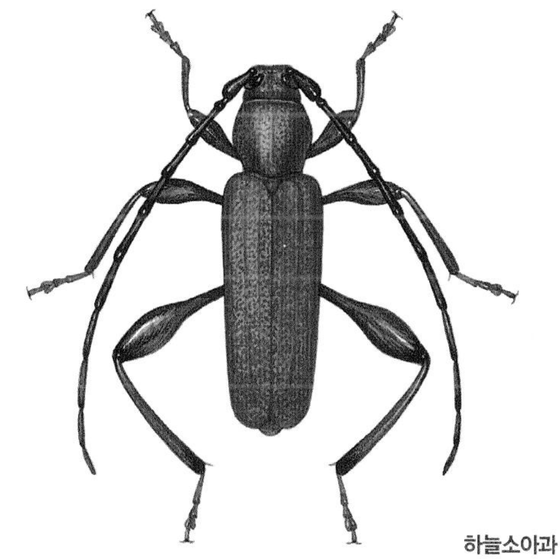

하늘소아과
몸길이 7～17mm
나오는 때 5～7월
겨울나기 애벌레

주홍삼나무하늘소 *Oupyrrhidium cinnabarinum*

주홍삼나무하늘소는 이름처럼 다리와 더듬이만 빼고 주홍빛을 띤다. 다리 허벅지마디는 알통처럼 툭 불거졌다. 온 나라 넓은잎나무 숲에서 산다. 마을 둘레에서도 보인다. 밝은 날 베어 낸 나무 더미에 날아온다. 짝짓기를 마친 암컷은 오래된 느릅나무나 여러 가지 참나무에 알을 낳는다. 알에서 나온 애벌레는 나무껍질 밑을 갉아 먹다가 겨울을 난다. 다 자란 애벌레는 줄기 속으로 들어가 번데기 방을 만들고 번데기가 된다.

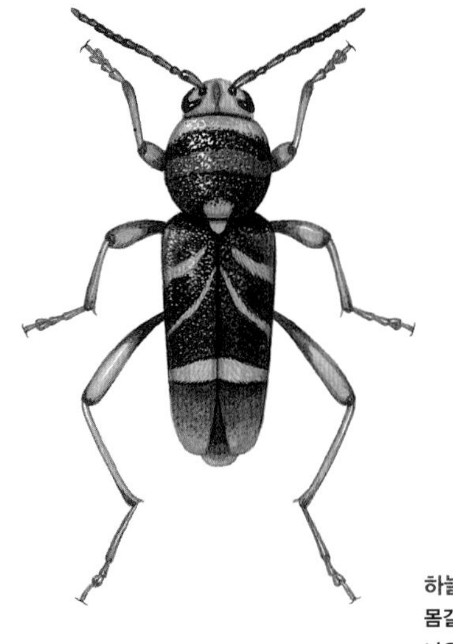

하늘소아과
몸길이 15～26mm
나오는 때 7～8월
겨울나기 애벌레

호랑하늘소 *Xylotrechus chinensis*

호랑하늘소는 생김새가 꼭 말벌을 닮았다. 몸은 까만데 노란 줄무늬가 나 있다. 제주도를 뺀 온 나라에서 산다. 어른벌레는 7월부터 8월까지 뽕나무에서 많이 보인다. 짝짓기를 마친 암컷은 뽕나무 나무껍질 틈에 알을 낳는다. 알에서 나온 애벌레는 뽕나무 껍질 밑을 갉아 먹다가 겨울을 난다. 다 자란 애벌레는 줄기 속으로 들어가 번데기 방을 만들고 번데기가 된다.

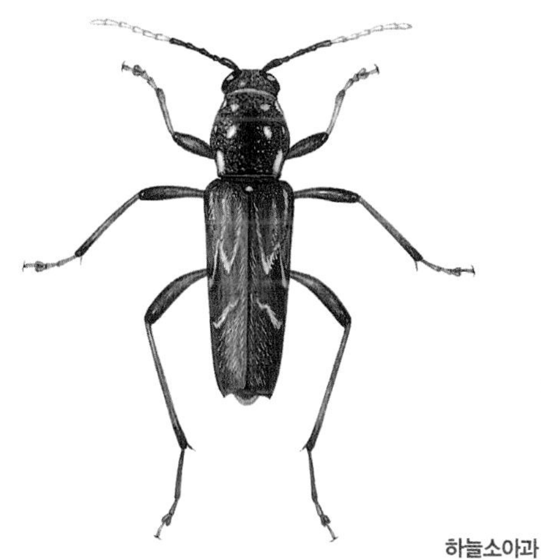

하늘소아과
몸길이 9～17mm
나오는 때 5～7월
겨울나기 애벌레

별가슴호랑하늘소 *Xylotrechus grayii grayii*

별가슴호랑하늘소는 이름처럼 가슴에 별처럼 하얀 점이 있다. 온 나라 넓은잎나무 숲에서 산다. 어른벌레는 5월부터 7월까지 보인다. 낮에 나와 날아다니며, 베어 낸 나무 더미에서 자주 보인다. 나무를 기어 다닐 때는 벌을 흉내 내며 더듬이를 흔든다. 짝짓기를 마친 암컷은 베어 낸 느릅나무나 참오동나무에 알을 낳는다.

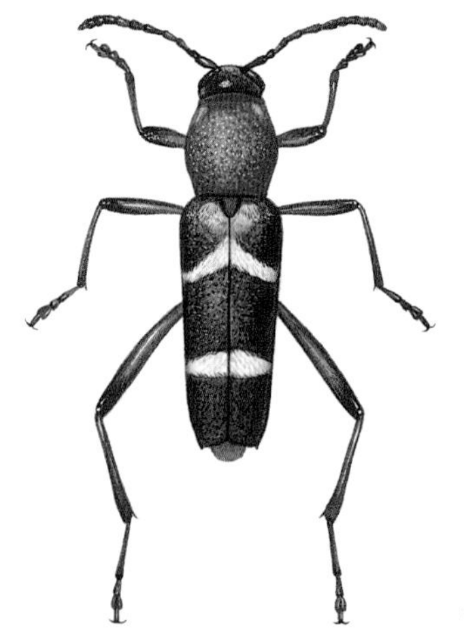

하늘소아과
몸길이 9～15mm
나오는 때 7～9월
겨울나기 애벌레

포도호랑하늘소 *Xylotrechus pyrrhoderus pyrrhoderus*

포도호랑하늘소는 딱지날개에 노르스름한 띠가 2개씩 있다. 머리는 불그스름한 밤색이고, 앞가슴등판은 빨갛다. 제주도를 포함한 온 나라에서 산다. 이름처럼 포도를 기르는 과수원에서 쉽게 볼 수 있다. 암컷은 포도나 개머루, 담쟁이덩굴 같은 덩굴 눈이나 잎자루 사이에 알을 낳는다. 애벌레로 겨울을 나고, 이듬해 7월쯤에 번데기가 된 뒤 어른벌레가 되어 밖으로 나온다. 밖으로 나오자마자 짝짓기를 하고 알을 낳는다.

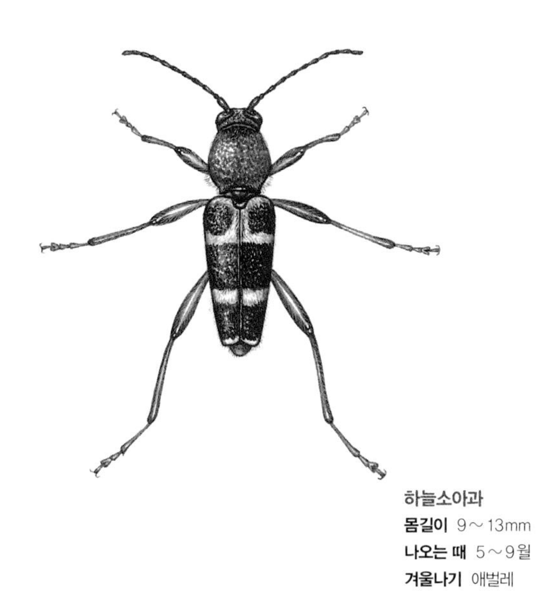

하늘소아과
몸길이 9～13mm
나오는 때 5～9월
겨울나기 애벌레

홍가슴호랑하늘소 *Xylotrechus rufilius rufilius*

홍가슴호랑하늘소는 이름처럼 앞가슴등판이 빨갛다. 머리와 딱지날개는 까맣다. 딱지날개에는 하얀 줄무늬가 있다. 포도호랑하늘소와 생김새가 닮았다. 온 나라 산이나 숲에서 쉽게 볼 수 있다. 베어 낸 나무 더미에 잘 날아온다. 암컷은 썩거나 오래된 호두나무, 참느릅나무 같은 나무껍질 틈에 알을 낳는다. 애벌레는 나무껍질 밑을 갉아 먹다가 크면서 속을 파먹는다.

하늘소아과
몸길이 11~16mm
나오는 때 4~6월
겨울나기 애벌레

소범하늘소 *Plagionotus christophi*

소범하늘소는 딱지날개에 노란 줄무늬가 3쌍 있고 꽁무니에는 노란 점무늬가 있다. 딱지날개 어깨에는 빨간 띠무늬가 있다. 앞가슴등판은 공처럼 동그랗고, 앞쪽 가장자리에 노란 띠가 있다. 온 나라 낮은 산이나 참나무 숲에서 산다. 어른벌레는 넓은잎나무 숲이나 참나무를 베어 내 쌓아 놓은 곳에서 쉽게 볼 수 있다. 짝짓기를 마친 암컷은 여러 가지 참나무 껍질 틈에 산란관을 꽂고 알을 낳는다.

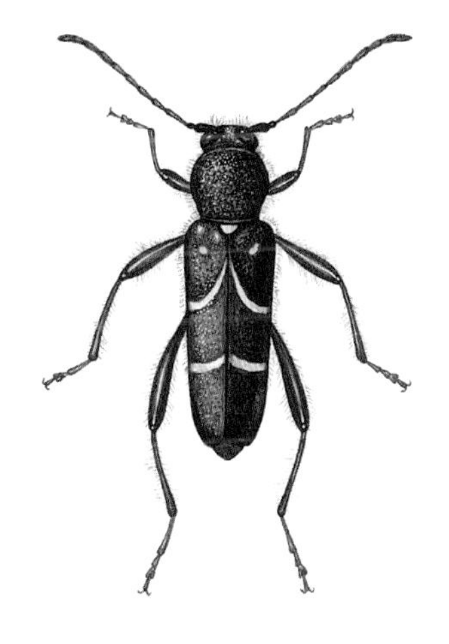

하늘소아과
몸길이 7～13mm
나오는 때 5～7월
겨울나기 애벌레

산흰줄범하늘소 *Clytus raddensis*

산흰줄범하늘소는 딱지날개에 누르스름한 가로 줄무늬가 2쌍 나 있다. 딱지날개 테두리에도 노란 줄무늬가 있다. 머리와 가슴은 까만데 노란 털이 잔뜩 나 있다. 온 나라 넓은잎나무 숲에서 볼 수 있다. 썩은 참나무에 잘 날아오고 꽃에서도 볼 수 있다. 짝짓기를 마친 암컷은 썩은 참나무 나무껍질 밑에 알을 낳는다.

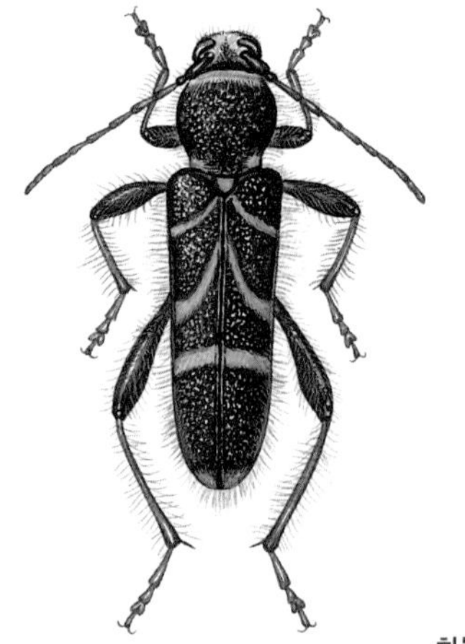

하늘소아과
몸길이 8~19mm
나오는 때 5~8월
겨울나기 애벌레

벌호랑하늘소 *Crytoclytus capra*

벌호랑하늘소는 호랑하늘소처럼 생김새가 꼭 말벌을 닮았다. 딱지날개에 노란 줄무늬가 3쌍 있다. 머리와 가슴에도 노란 띠가 있다. 온 나라 넓은잎나무 숲이나 마을 둘레에서 흔히 볼 수 있다. 어른벌레는 5월부터 8월까지 낮에 보인다. 썩은 넓은잎나무 줄기나 여러 가지 꽃에 날아온다. 암컷은 참나무나 호두나무, 버드나무 같은 넓은잎나무가 늙어 쓰러진 줄기에 꽁무니를 꽂고 알을 낳는다. 알에서 어른벌레가 되는데 한 해가 걸린다.

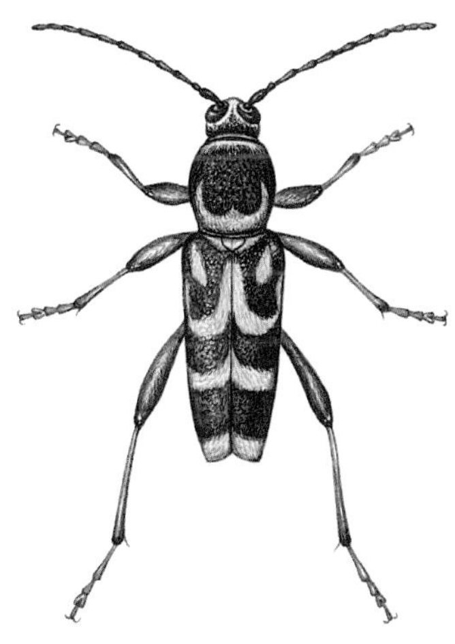

하늘소아과
몸길이 8~16mm
나오는 때 5~8월
겨울나기 애벌레

범하늘소 *Chlorophorus diadema diadema*

범하늘소는 우리범하늘소와 닮았다. 딱지날개 양쪽에 있는 낚싯바늘처럼 생긴 노란 무늬가 서로 이어져서 우리범하늘소와 다르다. 제주도를 포함한 온 나라 낮은 산이나 들판에서 산다. 한낮에 여러 가지 꽃에 날아와 꽃가루를 먹고, 쓰러져 썩은 나무 더미에 날아오기도 한다. 밤에 불빛으로 날아오기도 한다.

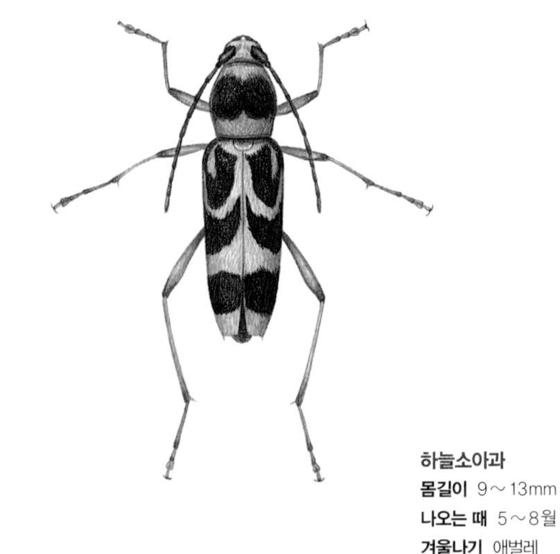

하늘소아과
몸길이 9~13mm
나오는 때 5~8월
겨울나기 애벌레

가시범하늘소 *Chlorophorus japonicus*

가시범하늘소는 딱지날개에 노르스름한 털로 된 줄무늬가 나 있다. 앞쪽에 있는 노란 줄무늬는 C자처럼 생겨서 작은방패판과 이어진다. 낮은 산 넓은잎나무나 떨기나무 풀숲에서 산다. 우리나라 서남쪽 바닷가 가까운 곳에서 많이 산다. 어른벌레는 5월부터 8월까지 보인다. 날개 끝 가장자리에 날카로운 가시가 있다. 국수나무 같은 여러 가지 나무 꽃에 모여 꽃가루를 먹고, 쓰러진 참나무에서도 보인다.

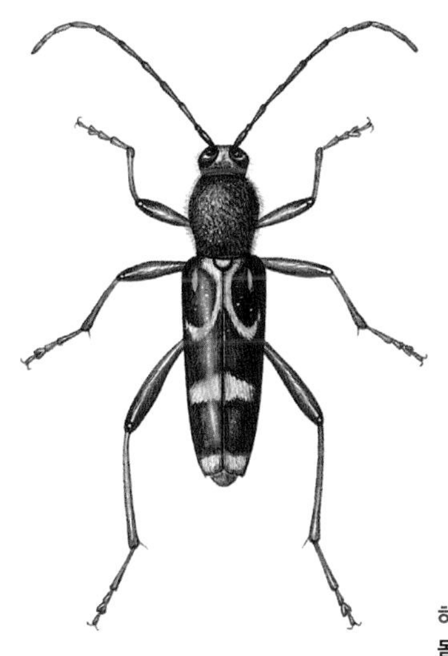

하늘소아과
몸길이 8～16mm
나오는 때 5～8월
겨울나기 애벌레

우리범하늘소 *Chlorophorus latofasciatus*

우리범하늘소는 범하늘소와 닮았지만, 앞가슴등판 털이 더 길고 무늬는 더 작다. 또 딱지날개에 있는 낚싯바늘처럼 생긴 무늬 가운데가 떨어져서 범하늘소와 다르다. 제주도를 포함한 온 나라에서 볼 수 있다. 봄부터 나와 여러 가지 꽃에 날아오고 썩은 나무 더미에서도 보인다. 짝짓기를 마친 암컷은 썩은 자작나무나 황철나무, 버드나무 나무껍질 틈에 알을 낳는다. 알에서 나온 애벌레는 나무껍질 밑을 갉아 먹다가 크면서 줄기 속으로 들어간다.

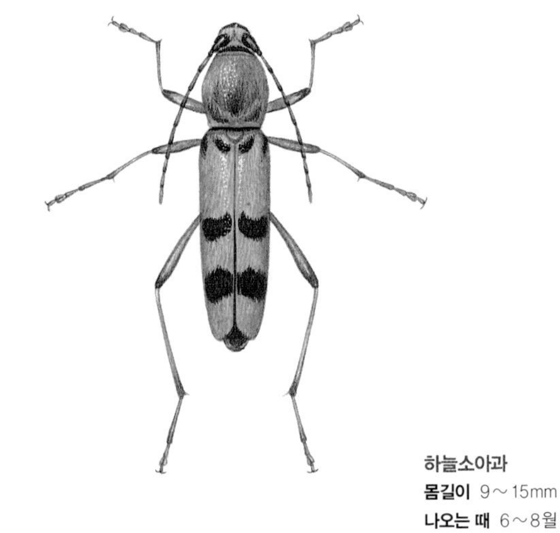

하늘소아과
몸길이 9～15mm
나오는 때 6～8월
겨울나기 애벌레

홀쭉범하늘소 *Chlorophorus muscosus*

홀쭉범하늘소는 몸이 누런 풀빛이다. 딱지날개에는 까만 무늬가 세 쌍 나 있다. 육점박이범하늘소와 닮았는데, 홀쭉범하늘소는 앞가슴등판에 있는 까만 무늬가 희미하다. 또 딱지날개에 있는 무늬가 가늘고 길며, 앞쪽에 있는 무늬가 아주 작고 구부러지지 않는다. 남쪽 바닷가와 제주도, 울릉도, 서해에 있는 섬에서 산다. 늙어서 쓰러진 나무나 베어 낸 나무 더미에서 많이 보인다. 여러 가지 꽃에도 날아와 꽃가루를 먹는다.

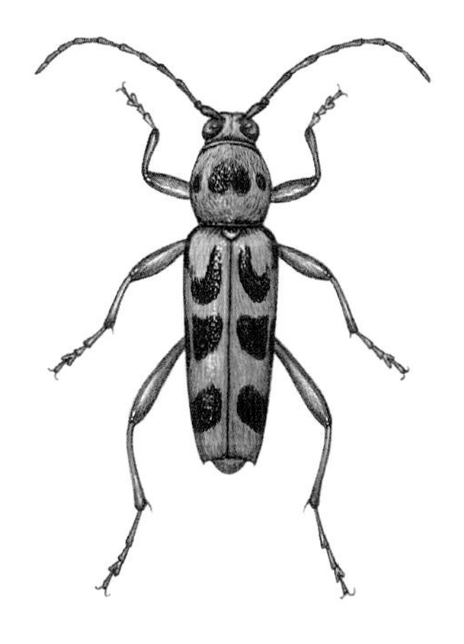

하늘소아과
몸길이 7～13mm
나오는 때 5～7월
겨울나기 애벌레

육점박이범하늘소 *Chlorophorus simillimus*

육점박이범하늘소는 이름처럼 딱지날개에 까만 무늬가 여섯 개 뚜렷하게 나 있다. 어깨에 있는 까만 무늬는 갈고리처럼 휘어졌다. 몸은 까맣지만 풀빛이 도는 잿빛 털로 덮여 있다. 온 나라에서 제법 쉽게 볼 수 있다. 늙어서 썩거나 베어 낸 여러 가지 넓은잎나무에서 지낸다. 한낮에 여러 가지 꽃에 날아와 꽃가루를 먹는다.

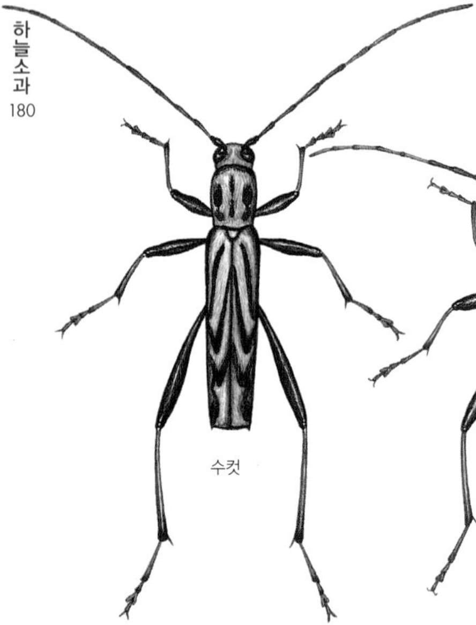

수컷

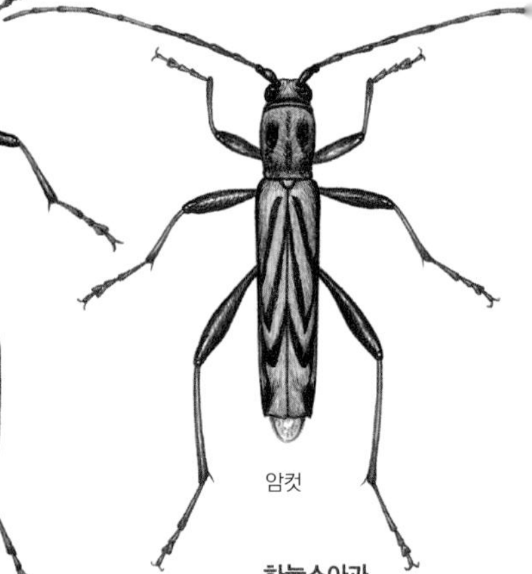

암컷

하늘소아과
몸길이 12~18mm
나오는 때 5~8월
겨울나기 애벌레

측범하늘소 *Rhabdoclytus acutivittis acutivittis*

측범하늘소는 앞가슴등판 양쪽 가장자리에 까만 둥근 무늬가 있다. 딱지날개에는 잿빛 털이 덮여 있고 까만 무늬가 물결처럼 나 있다. 온 나라에서 쉽게 볼 수 있다. 여러 가지 꽃에 날아오고, 쓰러지거나 베어 낸 나무 더미에서 보인다. 짝짓기를 마친 암컷은 쓰러진 나무껍질 틈에 알을 낳는다. 알에서 나온 애벌레는 나무속을 파먹고 큰다.

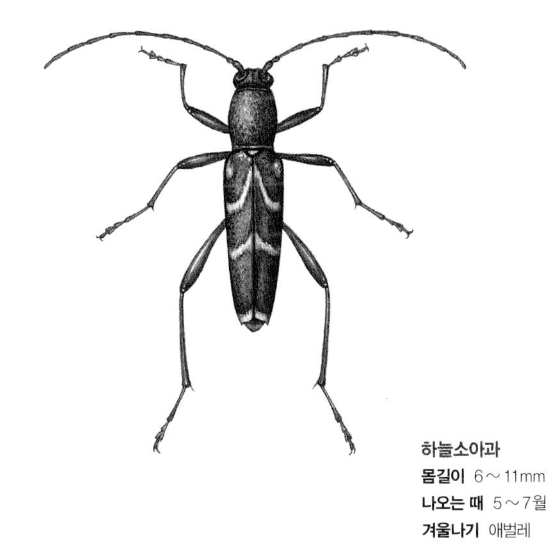

하늘소아과
몸길이 6~11mm
나오는 때 5~7월
겨울나기 애벌레

긴다리범하늘소 *Rhaphuma gracilipes*

긴다리범하늘소는 이름처럼 다리가 길다. 딱지날개는 까만데 허연 털로 된 가로 줄무늬가 3쌍 나 있다. 꼬마긴다리범하늘소와 닮았지만, 긴다리범하늘소는 딱지날개 양쪽 가상자리에 하얀 점무늬가 있어서 다르다. 온 나라 넓은잎나무 숲에서 볼 수 있다. 여러 가지 꽃에도 날아오고, 베어 낸 나무 더미에서도 볼 수 있다. 짝짓기를 마친 암컷은 썩거나 오래된 팽나무, 느티나무, 분비나무, 잎갈나무, 층층나무 나무 껍질 틈에 알을 낳는다.

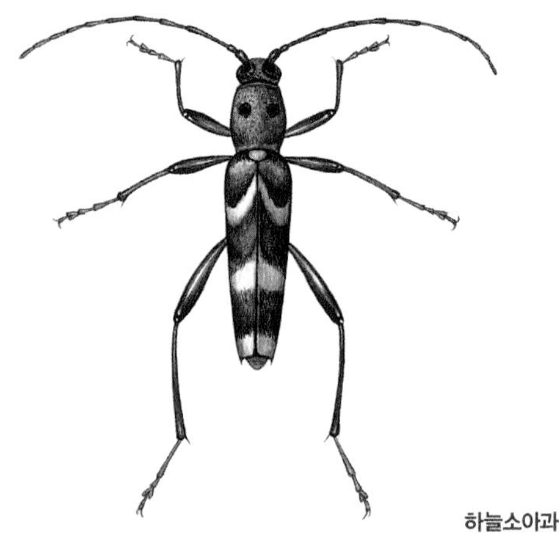

하늘소아과
몸길이 7～12mm
나오는 때 5～6월
겨울나기 애벌레

가시수염범하늘소 *Demonax savioi*

가시수염범하늘소는 몸이 까맣고 잿빛 털로 덮여 있다. 앞가슴등판 가운데에 까만 점이 1쌍 있다. 온 나라에서 쉽게 볼 수 있다. 한낮에 여러 가지 하얀 꽃에 날아와 꽃가루를 먹는다. 짝짓기를 마친 암컷은 편백이나 삼나무에 알을 낳는다. 알에서 나온 애벌레는 나무속을 파먹고 크다가 겨울을 난다. 이듬해 봄에 어른벌레로 날개돋이 해서 밖으로 나온다.

하늘소아과
몸길이 7～10mm
나오는 때 4～5월
겨울나기 어른벌레

반디하늘소 *Dere thoracica*

반디하늘소는 온몸이 까만데, 앞가슴등판 가운데에 빨간 띠무늬가 있다. 딱지날개는 푸른 풀빛이다. 온 나라 낮은 산에서 신나무나 조팝나무 꽃에 수십 마리가 무리 지어 꽃가루를 먹고 짝짓기를 한다. 암컷은 썩은 자귀나무, 보리수나무, 벚나무, 붉가시나무, 갈참나무 같은 나무에 알을 낳는다. 애벌레는 나무껍질 밑을 파먹고 크다가 나무속으로 들어가 번데기가 된다. 가을에 어른벌레로 날개돋이 해서 그대로 겨울을 나고, 이듬해 봄에 밖으로 나온다.

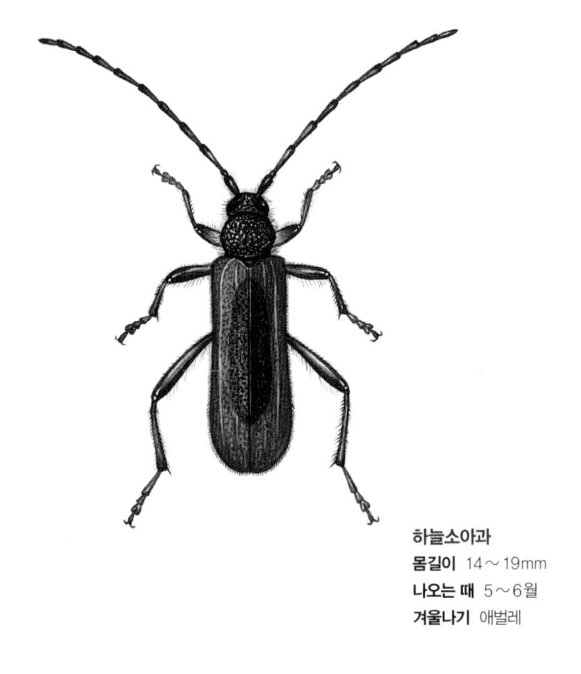

하늘소아과
몸길이 14～19mm
나오는 때 5～6월
겨울나기 애벌레

무늬소주홍하늘소 *Amarysius altajensis coreanus*

무늬소주홍하늘소는 딱지날개가 빨간데, 그 안에 까만 무늬가 길쭉하게 나 있다. 하지만 무늬가 없는 것도 있다. 무늬가 없으면 소주홍하늘소와 닮았다. 하지만 무늬소주홍하늘소는 앞가슴 가운데 뒤쪽이 살짝 모가 졌다. 제주도를 포함한 온 나라에서 볼 수 있다. 소주홍하늘소보다 훨씬 많이 보인다. 암컷은 단풍나무나 물푸레나무, 상수리나무, 포도 같은 나무껍질 속에 알을 낳는다. 애벌레는 나무껍질 밑을 갉아 먹다가 크면서 줄기 속을 파고든다.

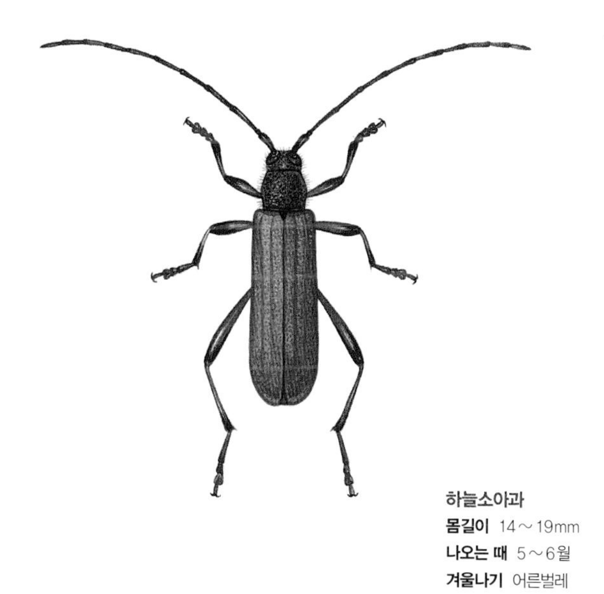

하늘소아과
몸길이 14~19mm
나오는 때 5~6월
겨울나기 어른벌레

소주홍하늘소 *Amarysius sanguinipennis*

소주홍하늘소와 무늬소주홍하늘소는 생김새와 사는 모습이 닮았다. 소주홍하늘소는 딱지날개에 까만 무늬가 없다. 앞가슴이 둥글고 또 딱지날개가 더 길어서 무늬소주홍하늘소와 다르다. 온 나라 넓은잎나무 숲에서 산다. 온갖 꽃에 날아온다. 생강나무나 고로쇠나무, 참나무, 포도 같은 나무에서 자주 볼 수 있다. 짝짓기를 마친 암컷은 살아 있는 생강나무나 고로쇠나무 같은 나뭇가지에 알을 낳는다.

하늘소아과
몸길이 17～23mm
나오는 때 5～7월
겨울나기 어른벌레

모자주홍하늘소 *Purpuricenus lituratus*

모자주홍하늘소는 딱지날개가 빨간데, 모자처럼 생긴 까만 무늬가 있다. 앞가슴등판에는 까만 점무늬가 5개 있다. 딱지날개에 모자처럼 생긴 무늬가 아니라 동그란 무늬가 있으면 '달주홍하늘소'이고, 아무 무늬가 없으면 '주홍하늘소'다. 모자주홍하늘소는 제주도를 포함한 온 나라에 살지만 몇몇 곳 넓은잎나무 숲에서 보인다. 낮은 산이나 마을 둘레에서 사과나무나 배나무 꽃에 날아오고, 떡갈나무 새순이나 여린 잎도 갉아 먹는다.

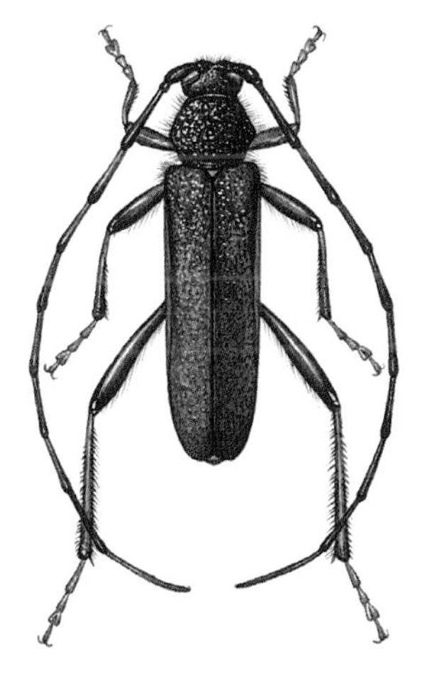

하늘소아과
몸길이 14～18mm
나오는 때 5～6월
겨울나기 애벌레

먹주홍하늘소 *Anoplistes halodendri pirus*

먹주홍하늘소는 딱지날개가 까만데 어깨에 빨간 점이 한 쌍 있고, 테두리에 빨간 무늬가 뚜렷하게 나 있다. 중부 지방 위쪽에서 산다. 산속 떡갈나무에서 자주 보인다. 낮에 여기저기 날아다니면서 참나무 새순이나 잎을 갉아 먹는다. 짝짓기를 마친 암컷은 잘라 낸 참나무나 아까시나무, 버드나무, 보리수나무, 인동덩굴 같은 나무에 알을 낳는다. 애벌레는 나무속을 파먹고 크다가 겨울을 나고, 이듬해 봄에 어른벌레가 되어서 밖으로 나온다.

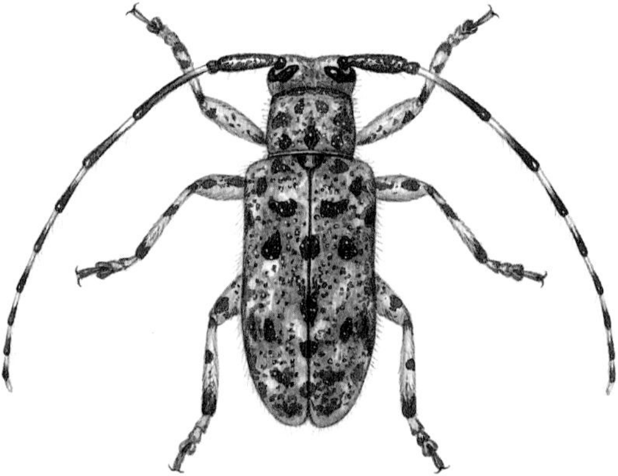

목하늘소아과
몸길이 10～18mm
나오는 때 5～8월
겨울나기 모름

흰깨다시하늘소 *Mesosa hirsuta continentalis*

흰깨다시하늘소는 딱지날개가 검은 밤색인데, 하얗고 까만 무늬가 얼룩덜룩하다. 깨다시하늘소와 닮았는데, 흰깨다시하늘소는 몸이 더 홀쭉하고 하얀 털로 덮였다. 오래되면 털이 많이 빠진다. 앞가슴등판과 딱지날개에는 까만 점이 여러 개 있다. 흰깨다시하늘소는 온 나라 산에서 쉽게 보인다. 한낮에 죽은 넓은잎나무에 날아와 짝짓기를 하고 알을 낳는다. 밤에 불빛으로 날아오기도 한다. 암컷은 호두나무, 굴피나무, 느릅나무, 물오리나무, 밤나무 같은 썩은 나무에 알을 낳는다.

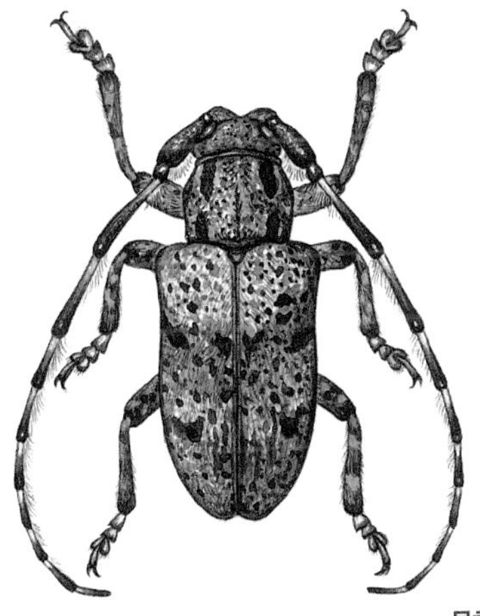

목하늘소아과
몸길이 10~17mm
나오는 때 5~8월
겨울나기 애벌레

깨다시하늘소 *Mesosa myops*

깨다시하늘소는 몸은 까만데, 온몸에는 누런 털이 나 있다. 몸에 검은색, 잿빛 무늬가 얼룩덜룩 나 있다. 앞가슴등판에는 까만 점무늬가 4개 뚜렷하게 나 있다. 딱지날개 가운데에는 잿빛 가로 줄무늬가 있다. 온 나라 숲에서 쉽게 볼 수 있다. 어른벌레는 오뉴월에 많이 보인다. 낮에 썩은 나무나 베어 낸 나무 더미에서 볼 수 있다. 밤에 불빛으로 날아오기도 한다. 몸빛이 나무껍질과 비슷해서 언뜻 보면 잘 안 보인다.

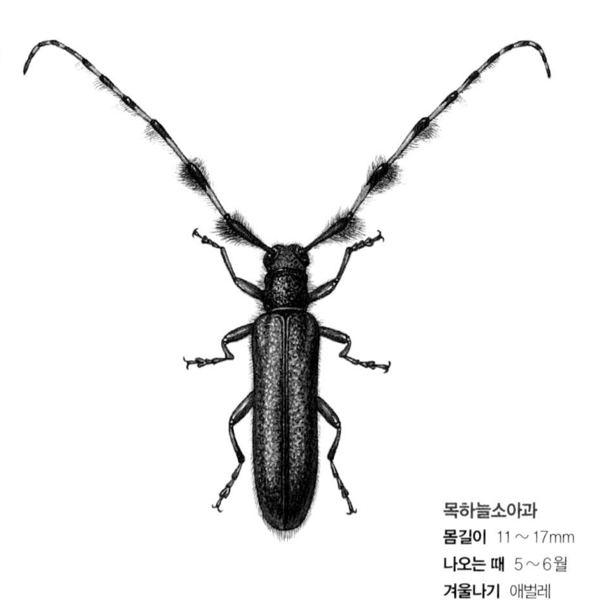

목하늘소아과
몸길이 11 ~ 17mm
나오는 때 5 ~ 6월
겨울나기 애벌레

남색초원하늘소 *Agapanthia amurensis*

남색초원하늘소는 온몸이 짙은 파란색으로 반짝거린다. 몸에는 까만 털이 나 있다. 초원하늘소와 닮았지만, 남색초원하늘소는 딱지날개에 무늬가 없고 더듬이 1, 2 마디에 털 뭉치가 있어서 다르다. 남색초원하늘소는 온 나라 풀밭에서 쉽게 볼 수 있다. 풀밭에 자라는 개망초나 엉겅퀴 같은 풀에 날아와 꽃가루를 먹는다. 암컷은 개망초나 고들빼기 같은 풀 줄기에 산란관을 꽂고 알을 낳는다. 애벌레는 두 해를 줄기 속에서 산다.

목하늘소아과
몸길이 9～19mm
나오는 때 6～8월
겨울나기 애벌레

초원하늘소 *Agapanthia daurica daurica*

초원하늘소는 몸이 거무스름하다. 딱지날개에는 누런 털이 잔뜩 나 있어 얼룩덜룩하다. 더듬이는 파란빛이 도는 흰색이고 마디 끝이 까맣다. 님색초원하늘소와 달리 더듬이에 털 뭉치가 없다. 강원도와 경상북도 산속 풀밭에서 드물게 보인다. 어른벌레는 국화나 우엉 같은 국화과 식물에 날아온다.

목하늘소아과
몸길이 7~12mm
나오는 때 5~7월
겨울나기 번데기

원통하늘소 *Pseudocalamobius japonicus*

원통하늘소는 몸이 까맣거나 검은 밤색이다. 몸이 가늘고 긴 원통처럼 생겼다. 몸에 비해 더듬이가 몸길이보다 세 배나 더 길다. 온 나라 산에서 보인다. 맑은 날에 산길을 날아다니고, 뽕나무에 자주 모인다. 짝짓기를 마친 암컷은 노박덩굴이나 멍석딸기 같은 덩굴 식물 얇은 가지에 깔때기처럼 구멍을 뚫고 알을 낳는다. 번데기로 겨울을 난다고 알려졌다.

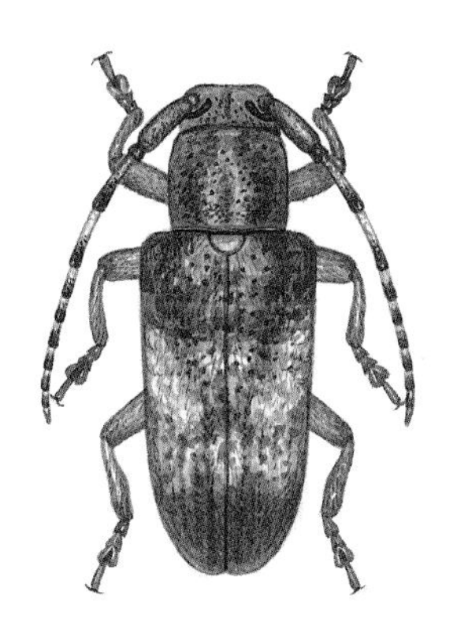

목하늘소아과
몸길이 9～15mm
나오는 때 5～7월
겨울나기 애벌레

큰곰보하늘소 *Pterolophia annulata*

큰곰보하늘소는 온몸이 밤색인데, 딱지날개에는 하얀 가루가 덮여 얼룩덜룩하다. 손으로 만지면 가루가 벗겨진다. 온 나라 낮은 산이나 들판 넓은잎나무 숲에서 볼 수 있다. 잘 날지 않고, 죽은 나무에서 몸을 바짝 붙이고 숨어 지낸다. 가끔 밤에 불빛으로 날아오기도 한다. 짝짓기를 마친 암컷은 늙어서 썩은 후박나무나 팽나무, 자귀나무 같은 나무껍질에 알을 낳는다.

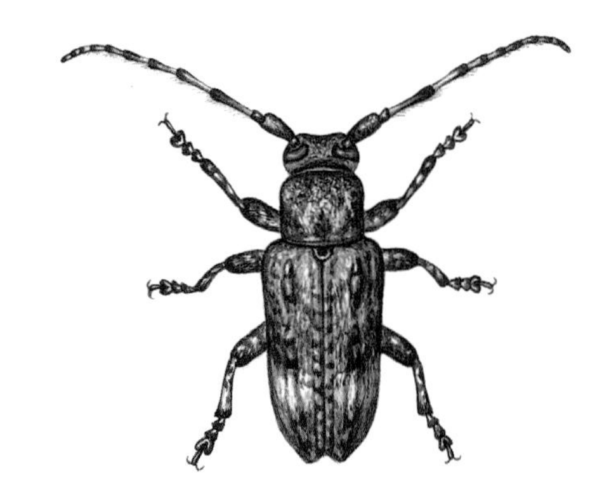

목하늘소아과
몸길이 7～10mm
나오는 때 5～8월
겨울나기 애벌레

흰점곰보하늘소 *Pterolophia granulata*

흰점곰보하늘소는 이름처럼 몸이 울퉁불퉁하다. 온몸은 검은데 누런 무늬가 얼룩덜룩하다. 딱지날개 뒤쪽에 커다란 하얀 무늬가 있다. 언뜻 보면 꼭 새똥처럼 보인다. 온 나라 넓은잎나무가 자라는 산이나 숲에서 볼 수 있다. 여름이 지나면 거의 보이지 않는다. 짝짓기를 마친 암컷은 썩거나 베어 낸 느릅나무, 때죽나무, 버드나무, 뽕나무, 자귀나무, 귤나무 같은 나무껍질에 알을 낳는다.

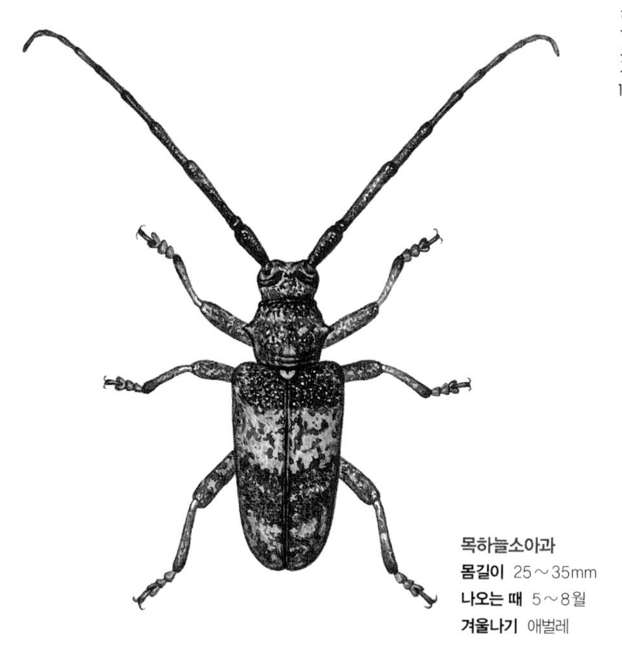

목하늘소아과
몸길이 25～35mm
나오는 때 5～8월
겨울나기 애벌레

우리목하늘소 *Lamiomimus gottschei*

우리목하늘소는 온몸이 검은 밤색이고, 누런 얼룩무늬가 군데군데 나 있다. 앞가슴등판에는 작은 돌기가 우툴두툴 나 있고, 양옆에는 뾰족한 가시처럼 돌기가 있다. 딱지날개에는 넓은 가로 띠무늬가 있다. 온 나라 참나무 숲에서 6월에 가장 많이 보인다. 잘라 놓은 참나무 더미에서 자주 보인다. 몸빛 때문에 눈에 잘 안 띈다. 밤에 불빛으로 날아오기도 한다. 애벌레에서 어른벌레로 날개돋이 하는데 3~4년쯤 걸린다고 한다.

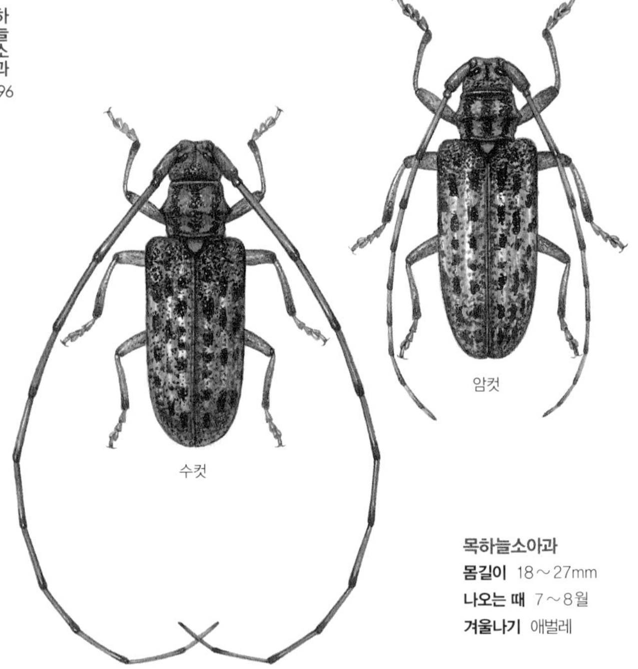

목하늘소아과
몸길이 18~27mm
나오는 때 7~8월
겨울나기 애벌레

솔수염하늘소 *Monochamus alternatus alternatus*

솔수염하늘소는 온몸이 붉은 밤색을 띤다. 딱지날개에는 하얀 세로줄과 까만 무늬가 번갈아 나 있다. 더듬이는 몸길이보다 두 배쯤 더 길다. 우리나라 남부 지방과 제주도에서 산다. 밤에 소나무나 잣나무, 삼나무 같은 바늘잎나무 어린 가지 나무껍질을 갉아 먹고, 나무를 베어 쌓아 놓은 곳에 날아와 짝짓기를 한다. 불빛으로 날아오기도 한다. 소나무재선충을 옮겨서 소나무에 피해를 많이 준다.

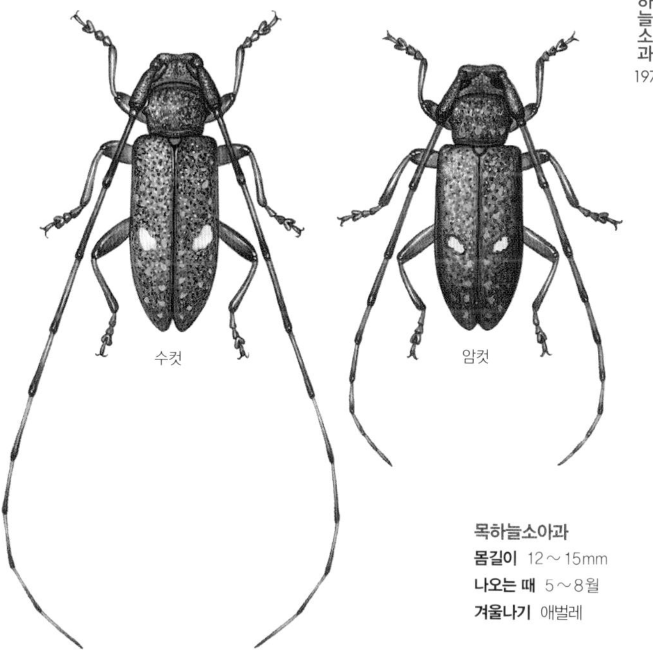

목하늘소아과
몸길이 12～15mm
나오는 때 5～8월
겨울나기 애벌레

점박이수염하늘소 *Monochamus guttulatus*

점박이수염하늘소는 딱지날개에 작고 하얀 점들이 자잘하게 나 있는데, 아래쪽에 유난히 큰 하얀 점이 한 쌍 있다. 더듬이는 마디 끝마다 빨갛다. 수컷이 암컷보다 더듬이가 훨씬 길다. 몸은 구릿빛이 도는 밤색이고, 다리는 빨갛다. 온 나라 낮은 산이나 들판에서 제법 흔하게 볼 수 있다. 늙어서 썩은 넓은잎나무에 날아와 먹이를 먹고 짝짓기를 한다. 밤에는 불빛으로 날아오기도 한다.

목하늘소아과
몸길이 11 ~ 19mm
나오는 때 5 ~ 8월
겨울나기 애벌레

북방수염하늘소 *Monochamus saltuarius*

북방수염하늘소는 가슴과 딱지날개에 붉은 밤색 무늬가 섞여 얼룩덜룩하다. 온 나라 바늘잎나무 숲에서 쉽게 볼 수 있다. 낮에도 보이지만 거의 밤에 나와서 바늘잎나무 가는 가지 껍질을 갉아 먹는다. 짝짓기를 마친 암컷은 오래되거나 썩은 잣나무, 소나무, 전나무 같은 바늘잎나무에 날아와 큰턱으로 구멍을 뚫고 알을 낳는다. 잣나무나 소나무에 소나무재선충을 옮긴다.

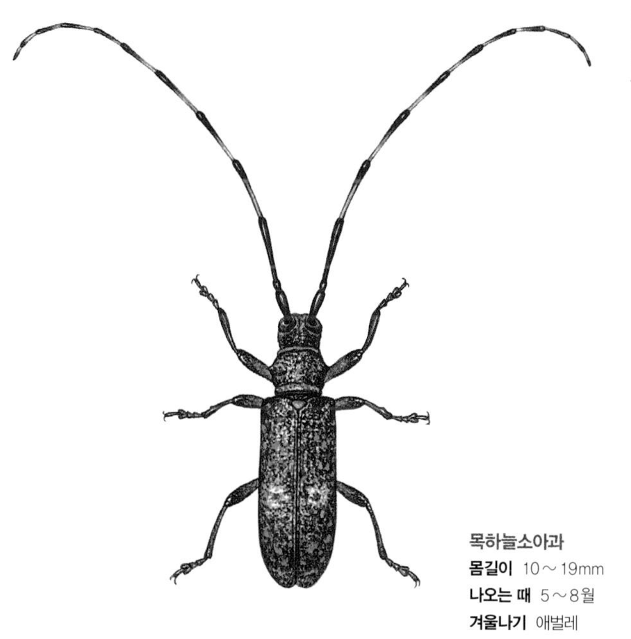

목하늘소아과
몸길이 10～19mm
나오는 때 5～8월
겨울나기 애벌레

긴수염하늘소 *Monochamus subfasciatus subfasciatus*

긴수염하늘소는 수염하늘소 무리 가운데 몸집이 가장 작다. 이름처럼 더듬이가 몸길이보다 훨씬 길다. 몸은 검은 밤색이고 자잘한 무늬가 잔뜩 나 있다. 남부 지방과 제주도에서 보인다. 어른벌레는 늦봄부터 여름까지 보인다. 바늘잎나무를 갉아 먹고 짝짓기를 마친 암컷은 베어 낸 바늘잎나무에 날아와 알을 낳는다.

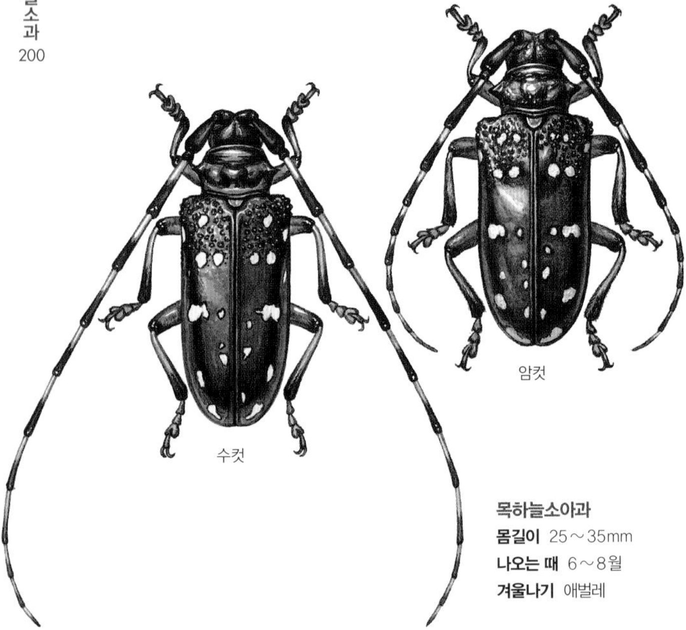

수컷

암컷

목하늘소아과
몸길이 25~35mm
나오는 때 6~8월
겨울나기 애벌레

알락하늘소 *Anoplophora chinensis*

알락하늘소는 딱지날개에 크고 작은 하얀 무늬가 이리저리 흩어져 있다. 더듬이 마디마다 푸르스름한 하얀 무늬가 있다. 온 나라 넓은잎나무 숲에서 산다. 도시에서 보이기도 한다. 낮에 나와 여러 나무를 돌아다니며 가는 가지를 갉아 먹는다. 짝짓기를 마친 암컷은 버드나무나 뽕나무, 복숭아나무, 도시 가로수로 심어 놓은 플라타너스 같은 나무에 날아와 큰턱으로 나무에 상처를 낸 뒤 알을 하나씩 낳는다. 어른벌레가 되는데 2년 걸린다.

목하늘소아과
몸길이 20～36mm
나오는 때 6～9월
겨울나기 애벌레

큰우단하늘소 *Acalolepta luxuriosa luxuriosa*

온몸에 잔털이 우단처럼 잔뜩 덮여 있다고 '우단'이라는 이름이 붙었다. 큰우단하늘소는 몸빛이 검은 밤색이고, 가는 털로 덮여 있다. 딱지날개에 검은 밤색 가로 줄무늬가 있다. 제주도를 포함한 온 나라에서 보인다. 얇은 나뭇가지를 갉아 먹고, 밤에 불빛으로 날아오기도 한다. 짝짓기를 마친 암컷은 두릅나무나 팔손이나무 같은 두릅나무과 나무와 전나무, 피나무 같은 나무에 부실한 나뭇가지를 큰턱으로 물어뜯고 알을 낳는다.

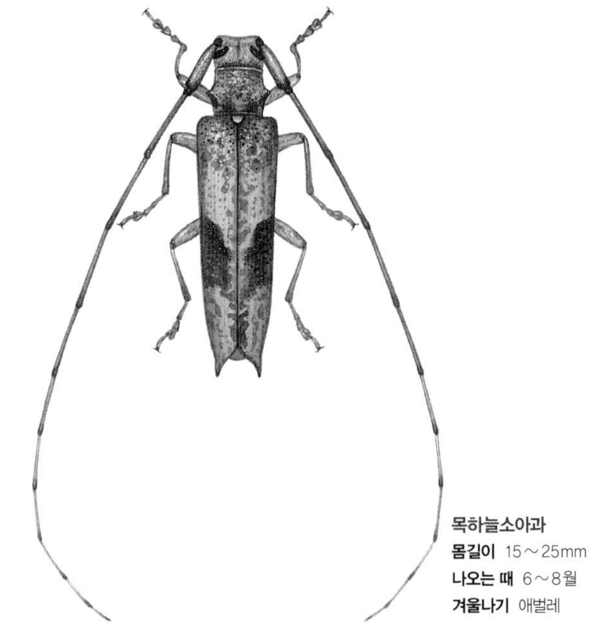

목하늘소아과
몸길이 15～25mm
나오는 때 6～8월
겨울나기 애벌레

화살하늘소 *Uraecha bimaculata bimaculata*

화살하늘소는 딱지날개에 검은 밤색 무늬가 마주 나 있다. 딱지날개 끝이 양쪽으로 화살처럼 뾰족하게 갈라졌다. 더듬이는 몸길이에 2배가 될 만큼 길다. 온 나라 넓은잎나무 숲에서 산다. 남부 지방에서 많이 보인다. 낮에는 나무에 붙어 꼼짝을 안 한다. 밤에 돌아다니고, 불빛으로 날아오기도 한다. 암컷은 오래된 단풍나무, 참나무, 벚나무 같은 여러 가지 넓은잎나무 가지에 알을 낳는다.

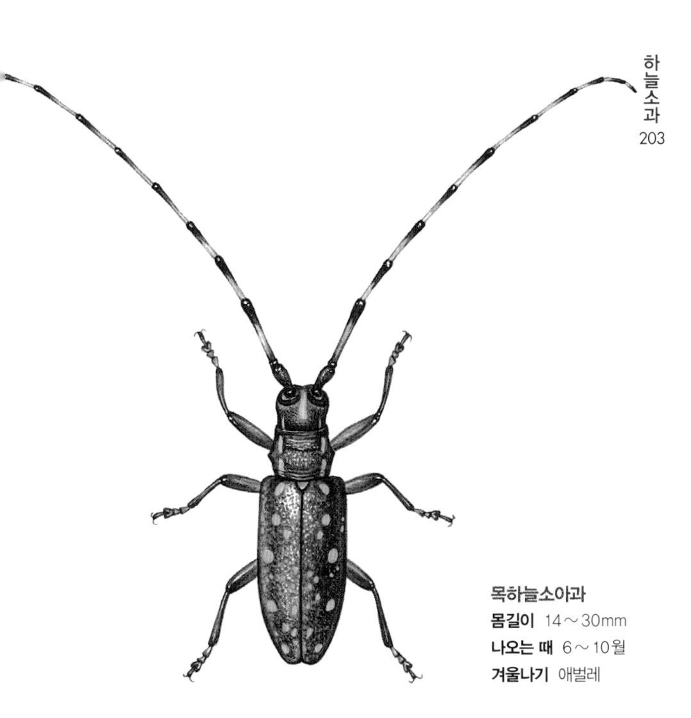

목하늘소아과
몸길이 14～30mm
나오는 때 6～10월
겨울나기 애벌레

울도하늘소 *Psacothea hilaris hilaris*

울릉도에서 맨 처음 찾았다고 울도하늘소다. 온몸이 잿빛 털로 덮였다. 몸에 누런 무늬가 많다. 더듬이가 아주 길다. 요즘에는 온 나라에서 볼 수 있는데 남부 지방에서 더 많이 보인다. 낮에 나와 여러 가지 뽕나무와 무화과나무, 황철나무 같은 식물에 날아와 줄기나 잎사귀를 갉아 먹는다. 짝짓기를 마친 암컷은 여러 가지 뽕나무에 많이 날아와 나무껍질 속에 알을 낳는다.

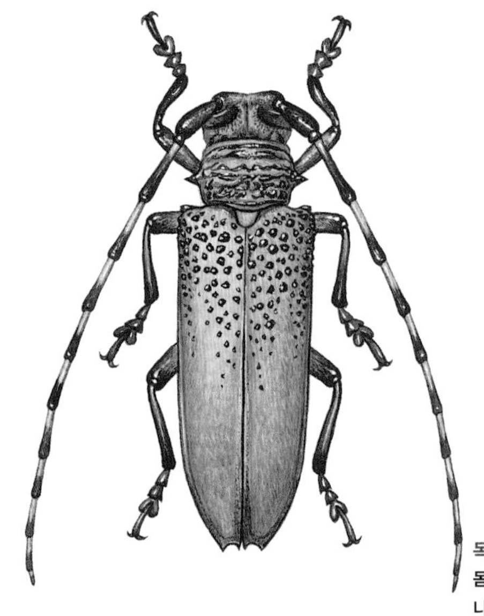

목하늘소아과
몸길이 35～45mm
나오는 때 7～9월
겨울나기 애벌레

뽕나무하늘소 *Apriona germari*

뽕나무하늘소는 장수하늘소나 하늘소처럼 눈에 띄게 몸집이 크다. 몸은 잿빛이나 푸른빛이 도는 누런 밤색 털로 덮여 있다. 앞가슴등판 양옆에는 뾰족한 가시가 있다. 딱지날개 앞쪽에 작은 알갱이들이 우툴두툴 나 있다. 수컷은 더듬이가 몸길이보다 조금 길고 암컷은 조금 짧다. 어른벌레는 여름에 여러 가지 넓은잎나무에 새로 난 나뭇가지 껍질이나 열매를 물어뜯고 즙을 빨아 먹는다. 밤에는 불빛을 보고 날아오기도 한다.

목하늘소아과
몸길이 45～52mm
나오는 때 5～7월
겨울나기 애벌레, 어른벌레

참나무하늘소 *Batocera lineolata*

참나무하늘소는 우리나라에서 장수하늘소 다음으로 몸집이 큰 하늘소다. 남해 바닷가 넓은잎나무 숲에서 많이 산다. 앞가슴등판 가운데에 하얀 점무늬가 두 개 있다. 딱지날개 앞쪽에도 하얀 점이 여기저기 나 있다. 낮에는 나무에 붙어 쉬다가 밤에 돌아다니면서 참나무나 오리나무 가는 가지를 갉아 먹는다. 밤에 불빛으로 날아오기도 한다. 어른벌레가 되는 데 2~4년이 걸린다.

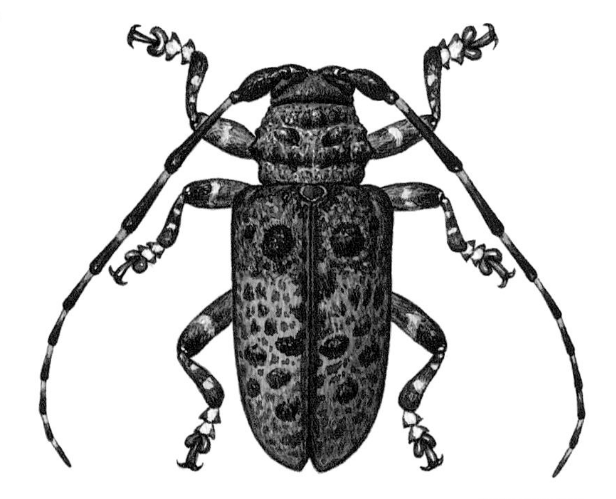

목하늘소아과
몸길이 19~27mm
나오는 때 4~10월
겨울나기 어른벌레

털두꺼비하늘소 *Moechotypa diphysis*

털두꺼비하늘소는 딱지날개 앞쪽에 까만 털 뭉치가 두 개 있고, 몸은 두꺼비처럼 울퉁불퉁하다. 5월 말에서 6월 사이에 가장 많이 보인다. 온 나라 산이 가까운 들판이나 마을에 자주 날아온다. 도시에서도 자주 보인다. 손으로 잡으면 '끼이 끼이' 하고 소리를 낸다. 짝짓기를 마친 암컷은 베어 낸 지 얼마 안 된 상수리나무나 졸참나무, 굴피나무, 밤나무, 가시나무, 개서어나무, 복숭아나무 따위에 알을 낳는다.

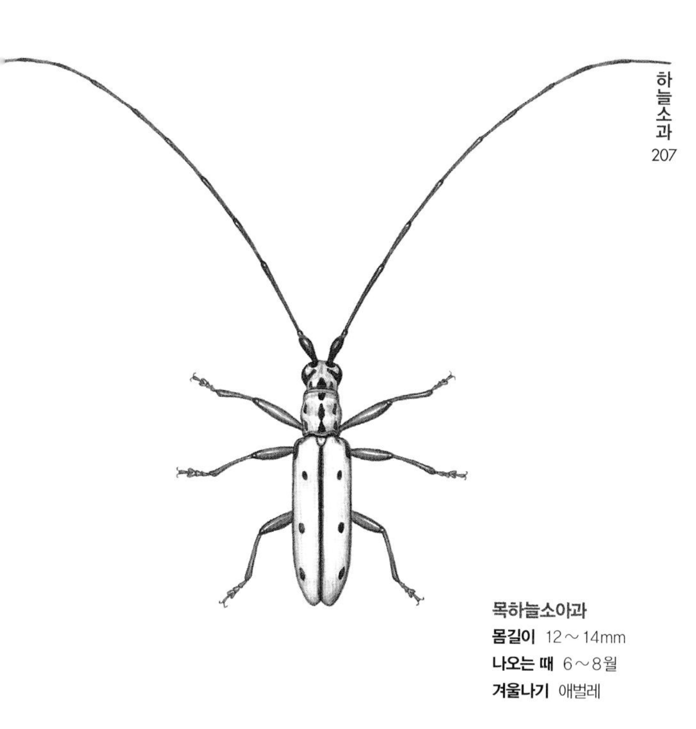

목하늘소아과
몸길이 12～14mm
나오는 때 6～8월
겨울나기 애벌레

점박이염소하늘소 *Olenecamptus clarus*

점박이염소하늘소는 온몸은 까만데, 하얀 털로 덮여 있다. 털은 손으로 만지면 벗겨진다. 딱지날개에는 까만 점무늬가 세 쌍 있다. 온 나라 낮은 산 넓은잎나무 숲에서 보인다. 마을 둘레에서 자라는 뽕나무 잎 뒤에 붙어서 잎을 갉아 먹는다. 밤에 불빛으로 날아오기도 한다. 암컷은 뽕나무나 호두나무 가지에 알을 낳는다. 알에서 나온 애벌레는 나무껍질 밑을 갉아 먹다가 크면서 나무속으로 들어가 겨울을 난다.

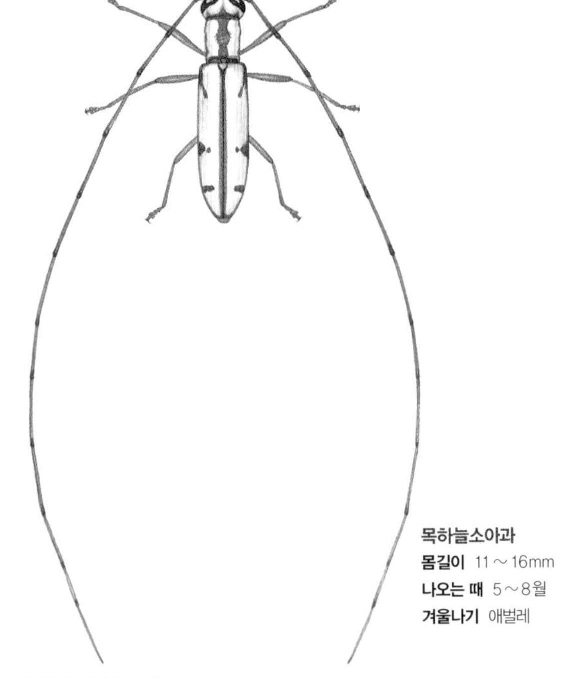

목하늘소아과
몸길이 11~16mm
나오는 때 5~8월
겨울나기 애벌레

굴피염소하늘소 *Olenecamptus formosanus*

굴피염소하늘소는 온몸이 누렇다. 더듬이는 몸길이보다 훨씬 길다. 온 나라 넓은잎나무 숲 몇몇 곳에서 산다. 이름처럼 한낮에 호두나무나 뽕나무 같은 나무 잎 뒤에 붙어서 잎을 갉아 먹는다. 하지만 나무 높이 붙어 있어서 쉽게 보기 어렵다. 밤에 불빛으로 날아오기도 한다. 짝짓기를 마친 암컷은 호두나무나 뽕나무 가지를 큰턱으로 물어뜯은 뒤 꽁무니를 대고 알을 낳는다.

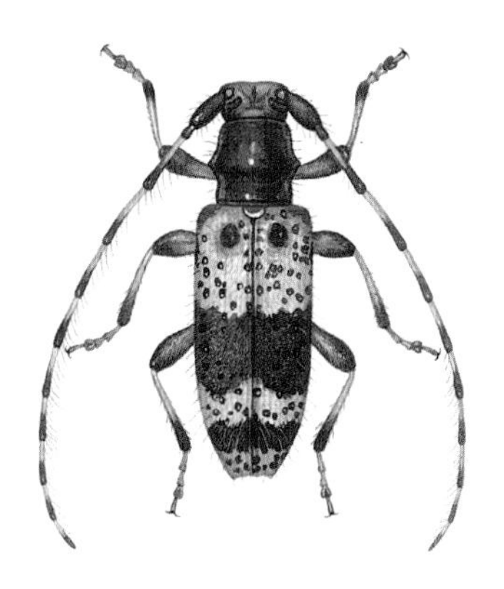

목하늘소아과
몸길이 5~9mm
나오는 때 4~7월
겨울나기 어른벌레

무늬곤봉하늘소 *Rhopaloscelis unifasciatus*

무늬곤봉하늘소는 몸이 거무스름하고 딱지날개에 잿빛 털이 촘촘하게 나 있다. 딱지날개 가운데쯤에 굵고 까만 띠무늬가 나 있다. 온 나라 넓은잎나무 숲에서 제법 쉽게 볼 수 있다. 낮에 나와 숲속을 돌아다니며 짝을 찾는다. 밤에 불빛으로 날아오기도 한다. 암컷은 참나무나 물푸레나무, 버드나무 같은 나무 늙은 가지에 구멍을 뚫고 알을 낳는다. 알에서 나온 애벌레는 곧장 나무속을 파고 들어간다. 가을에 어른벌레로 날개돋이 해서 겨울을 난다.

목하늘소아과
몸길이 6~8mm
나오는 때 2~5월
겨울나기 어른벌레

새똥하늘소 *Pogonocherus seminiveus*

생김새가 새똥을 닮았다고 새똥하늘소다. 온몸은 까만데, 딱지날개 앞쪽이 하얗다. 딱지날개 끝에는 뾰족한 가시처럼 생긴 돌기가 2개 있다. 온몸에는 털이 나 있다. 온 나라 두릅나무가 자라는 곳에서 쉽게 볼 수 있다. 어른벌레는 다른 하늘소보다 빨리 나오기 때문에 야외에서 관찰할 때는 이른 봄부터 두릅나무 둘레를 돌아다녀야만 만날 수 있다. 하지만 몸길이가 작고, 생김새가 새똥을 닮아서 잘 눈에 띄지 않는다. 또 위험을 느끼면 다리를 오므리고 죽은 척한다.

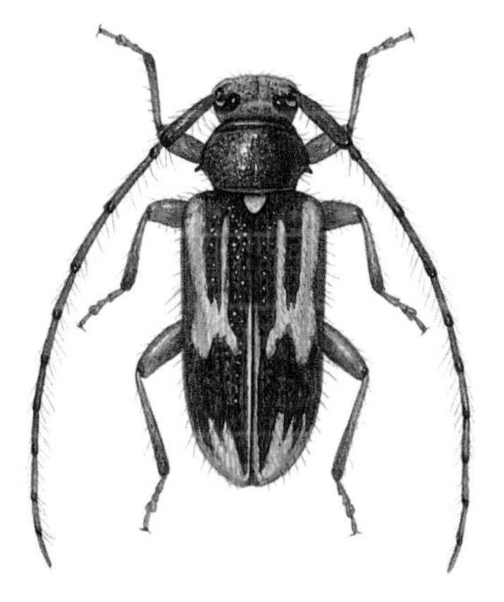

목하늘소아과
몸길이 6mm 안팎
나오는 때 5~8월
겨울나기 애벌레

줄콩알하늘소 *Exocentrus lineatus*

줄콩알하늘소는 온 나라 낮은 산에서 제법 쉽게 볼 수 있다. 낮에 나와 뽕나무나 팽나무 같은 여러 나무 죽은 가지에 붙어 있다. 위험을 느끼면 온몸을 오므리고 땅에 툭 떨어진다. 밤에 불빛으로 날아오기도 한다. 암컷은 죽은 나뭇가지에 알을 낳는다. 알에서 나온 애벌레는 나무껍질 밑을 갉아 먹다가 크면서 나무속으로 들어간다. 애벌레로 겨울을 나고, 다 큰 애벌레는 나무속에서 어른벌레로 날개돋이 한 뒤 밖으로 나온다.

목하늘소아과
몸길이 12～14mm
나오는 때 5～7월
겨울나기 애벌레

별긴하늘소 *Saperda balsamifera*

별긴하늘소는 몸이 짙은 밤색이고, 딱지날개에 누런 점무늬가 나 있다. 경기도와 강원도 넓은잎나무 숲에서 드물게 볼 수 있다. 어른벌레는 6월에 가장 많이 볼 수 있다. 애벌레는 버드나무나 사시나무, 황철나무 같은 나무속을 갉아 먹고 자라며 애벌레로 겨울을 난다.

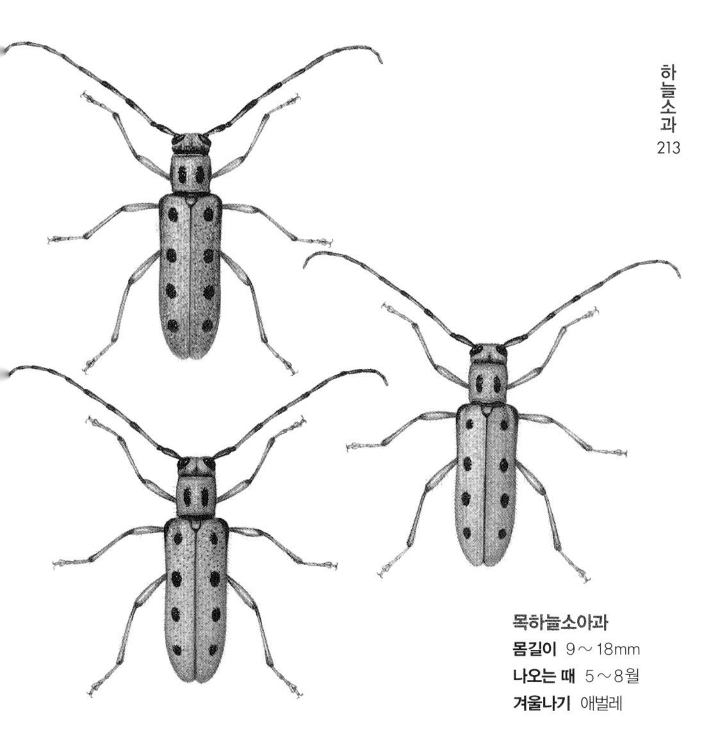

목하늘소아과
몸길이 9～18mm
나오는 때 5～8월
겨울나기 애벌레

팔점긴하늘소 *Saperda octomaculata*

팔점긴하늘소는 이름처럼 딱지날개에 까만 점이 4쌍씩 여덟 개 있다. 몸빛은 저마다 조금씩 다르다. 몸에는 잿빛 가루가 덮여 있다. 앞가슴 등판에도 까만 점이 2개 있다. 온 나라 넓은잎나무 숲에서 제법 쉽게 볼 수 있다. 썩은 벚나무나 느릅나무, 마가목에서 자주 보인다. 낮에 나와 날아다니고, 밤에 불빛으로 날아오기도 한다.

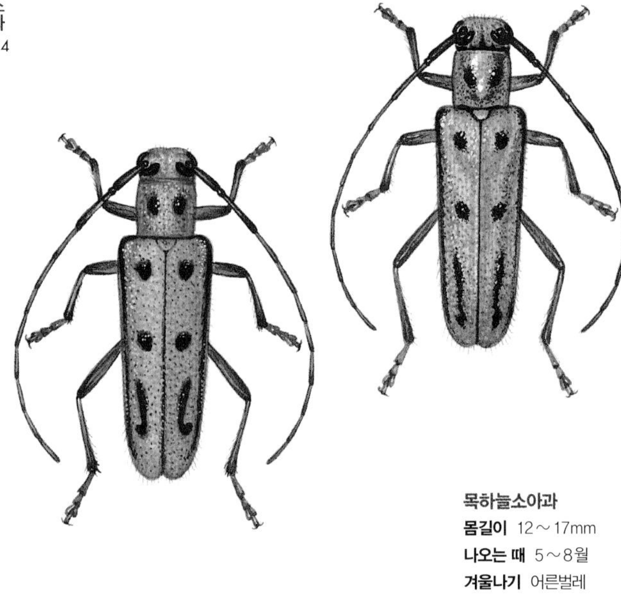

목하늘소아과
몸길이 12～17mm
나오는 때 5～8월
겨울나기 어른벌레

녹색네모하늘소 *Eutetrapha metallescens*

녹색네모하늘소는 이름처럼 몸이 풀빛으로 반짝거린다. 누런빛이 돌기도 한다. 앞가슴등판은 둥그렇고 까만 무늬가 2개 있다. 딱지날개에도 까만 무늬가 3쌍 있다. 맨 아래쪽 까만 무늬는 갈고리처럼 휘어진다. 제주도를 포함한 온 나라에서 산다. 넓은잎나무가 자라는 산에서 늦봄부터 여름까지 나온다. 어른벌레는 피나무나 느릅나무, 머루 잎을 갉아 먹고, 오후에 나무를 잘라 쌓아 놓은 곳이나 썩은 나무에서 많이 보인다. 밤에 불빛으로 날아오기도 한다.

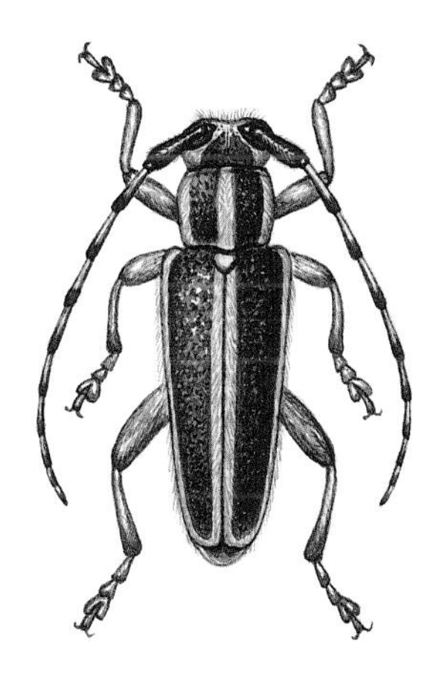

목하늘소아과
몸길이 10～15mm
나오는 때 5～7월
겨울나기 애벌레

삼하늘소 *Thyestilla gebleri*

삼하늘소는 온몸이 검고, 배 쪽은 하얀 털이 덮여 있어 하얗게 보인다. 머리와 앞가슴등판, 딱지날개에 하얀 줄무늬가 있다. 온몸이 다 까만 것도 있다. 몸은 짧고 뚱뚱하다. 이름처럼 '삼'이라는 풀에 사는 작은 하늘소다. 6월에 가장 많다. 낮에 나와 삼 눈이나 잎을 갉아 먹는다. 암컷은 삼이나 엉겅퀴, 모시풀 줄기를 큰턱으로 물어뜯은 뒤 알을 낳는다. 애벌레는 줄기 속을 파먹고 자란다. 겨울이 오면 뿌리 쪽으로 내려가 겨울을 난다.

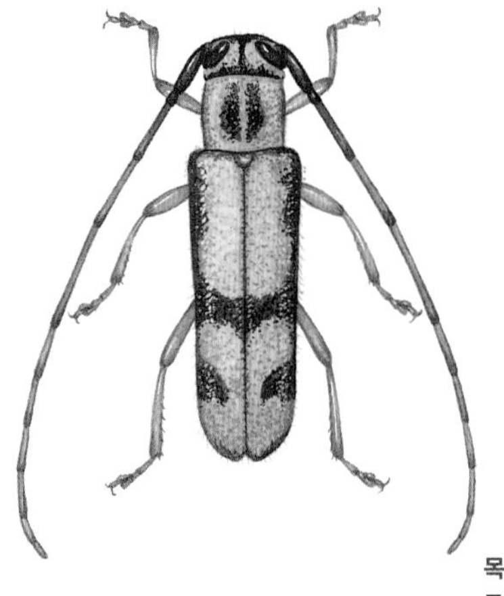

목하늘소아과
몸길이 6～10mm
나오는 때 5～7월
겨울나기 애벌레

황하늘소 *Menesia flavotecta*

황하늘소는 이름처럼 머리와 앞가슴등판, 딱지날개에 노란 무늬가 있다. 강원도 숲에서 볼 수 있다. 어른벌레는 주로 낮에 나와 가래나무 잎을 갉아 먹는다. 밤에 불빛으로 날아오기도 한다. 짝짓기를 마친 암컷은 가래나무 껍질 밑이나 가지에 알을 낳는다. 알에서 나온 애벌레는 나무껍질 밑을 갉아 먹는다. 애벌레로 겨울을 난다. 다 크면 나무속으로 들어가 번데기 방을 만들고 번데기가 된다.

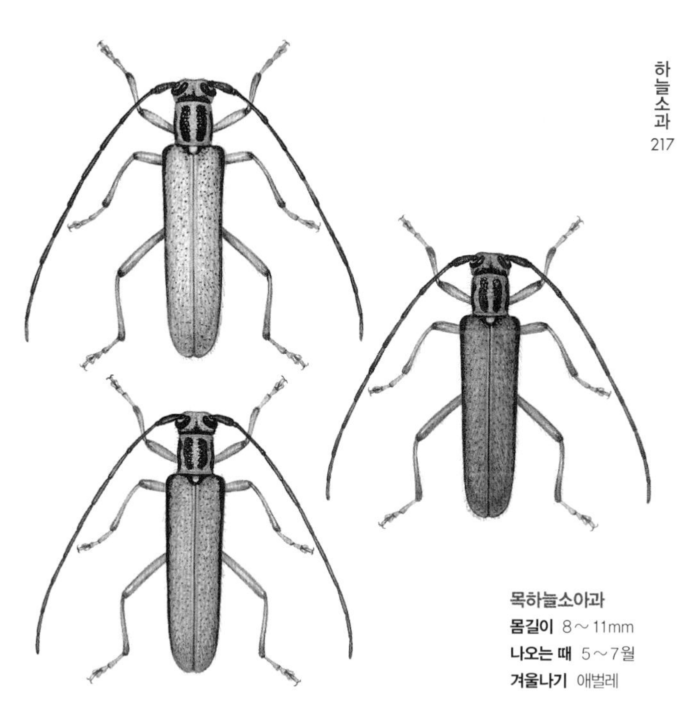

목하늘소아과
몸길이 8～11mm
나오는 때 5～7월
겨울나기 애벌레

당나귀하늘소 *Eumecocera impustulata*

당나귀하늘소는 온몸이 푸르스름한 빛이 돌거나 밤색, 노란색으로 여러 가지다. 앞가슴등판에는 까만 줄무늬가 있다. 제주도를 포함한 온 나라 낮은 산 넓은잎나무 숲에서 제법 쉽게 볼 수 있다. 낮에 나와 느릅나무나 서어나무, 피나무 같은 나뭇잎을 갉아 먹는다. 밤에 불빛으로 날아오기도 한다. 암컷은 느릅나무나 서어나무, 밤나무 나뭇가지 껍질 틈에 알을 낳는다. 애벌레로 겨울을 나고, 이듬해 이른 봄에 번데기가 되어 어른벌레로 날개돋이 한다.

목하늘소아과
몸길이 6～9mm
나오는 때 4～5월
겨울나기 어른벌레, 애벌레

국화하늘소 *Phytoecia rufiventris*

국화하늘소는 몸이 까만데, 앞가슴등판에 빨간 점이 있다. 온 나라 들판에서 제법 쉽게 볼 수 있다. 이름처럼 국화과 식물에 날아와 잎을 갉아 먹고, 짝짓기를 하고 알을 낳는다. 낮에 쑥이나 개망초에서 많이 보인다. 암컷은 줄기를 큰턱으로 물어뜯은 뒤 그 속에 알을 낳는다. 애벌레는 줄기 속을 아래쪽으로 내려가면서 파먹는다. 8월쯤 뿌리까지 내려가 번데기가 된다. 9월쯤 어른벌레로 날개돋이 해서 나온다.

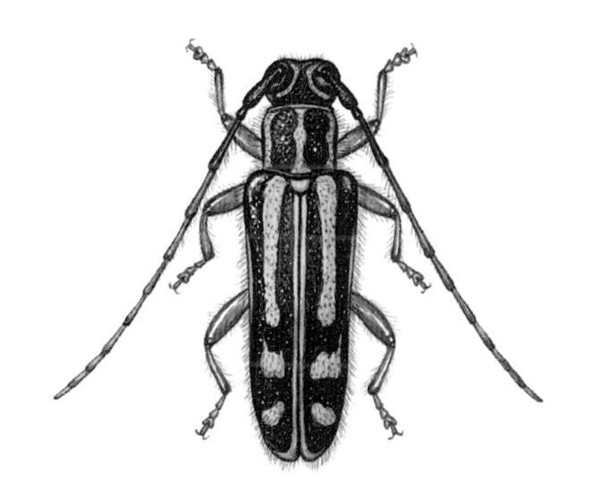

목하늘소아과
몸길이 8～11mm
나오는 때 5～8월
겨울나기 애벌레

노랑줄점하늘소 *Epiglenea comes comes*

노랑줄점하늘소는 이름처럼 까만 몸에 노란 줄이 나 있다. 앞가슴등판에는 가운데와 양옆에 노란 줄이 있다. 딱지날개에는 앞쪽에는 노란 세로 줄무늬가 나 있고 그 뒤로 노란 줄무늬가 가로로 나 있다. 눈 뒤쪽도 노랗다. 온 나라 낮은 산에서 제법 쉽게 볼 수 있다. 한낮에 자귀나무나 붉나무, 호두나무 죽은 나무에 잘 날아온다. 다 자란 애벌레는 나무속으로 들어가 겨울을 난 뒤 이듬해 봄에 번데기가 된다.

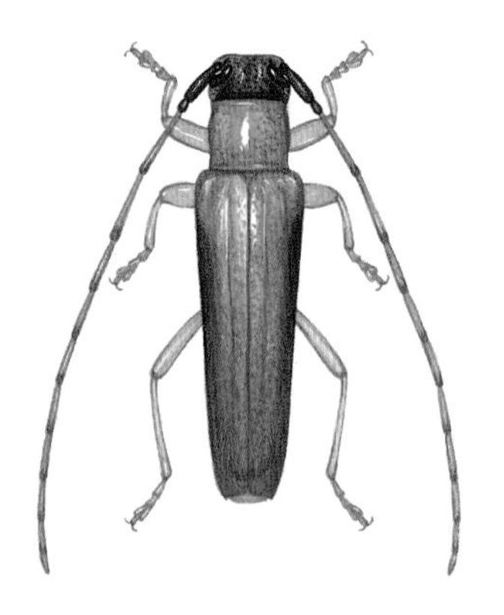

목하늘소아과
몸길이 9~13mm
나오는 때 5~7월
겨울나기 모름

선두리하늘소 *Nupserha marginella marginella*

선두리하늘소는 온몸이 누런 밤색인데 머리만 까맣다. 딱지날개 양쪽 가장자리에 까만 줄이 나 있다. 제주도를 포함한 온 나라 풀밭이나 넓은잎나무 숲에서 산다. 낮에 나와 돌아다니며 사과나무나 배나무, 쉬나무, 황벽나무, 쉬땅나무, 피나무, 버드나무 같은 나무를 갉아 먹는다.

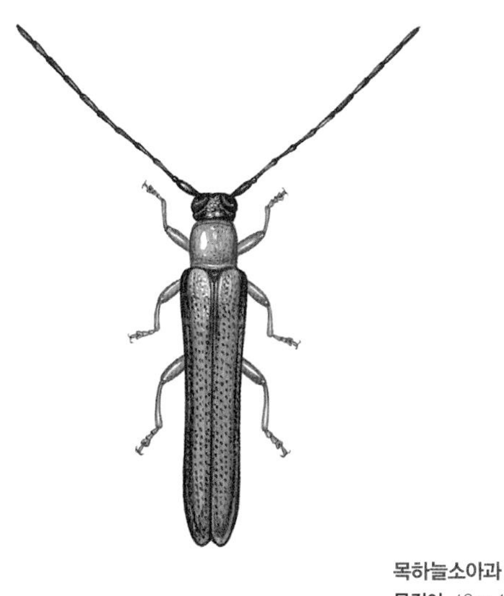

목하늘소아과
몸길이 12～19mm
나오는 때 5～8월
겨울나기 애벌레

사과하늘소 *Oberea vittata*

사과하늘소는 온몸이 까맣고, 다리와 앞가슴등판은 주황색이다. 딱지날개 위쪽도 주황빛이다. 온 나라 산에서 제법 쉽게 볼 수 있다. 어른벌레는 6~7월에 많이 보인다. 사과나무, 배나무, 복사나무에 잘 날아온다. 밤에 불빛으로 날아오기도 한다. 짝짓기를 마친 암컷은 사과나무나 배나무, 복사나무 가지에 알을 하나씩 낳는다고 한다. 우리나라에는 사과하늘소 무리가 9종쯤 산다.

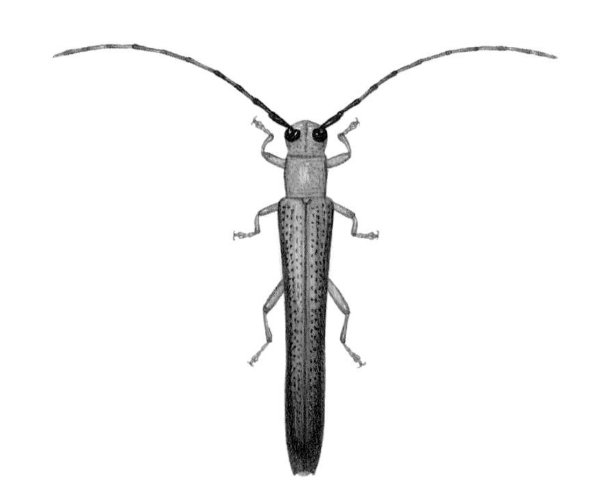

목하늘소아과
몸길이 11～19mm
나오는 때 6～8월
겨울나기 애벌레

홀쭉사과하늘소 *Oberea fuscipennis*

홀쭉사과하늘소는 온몸이 누런 밤색이다. 더듬이는 까맣다. 딱지날개 양옆과 뒤쪽은 검다. 몸이 가늘고 길쭉하다. 온 나라 산에서 제법 쉽게 볼 수 있다. 낮에 산등성이나 산길에서 빠르게 날아다니는 모습을 볼 수 있다. 밤에 불빛으로 날아온다. 짝짓기를 마친 암컷은 쉬나무나 황벽나무에 날아와 알을 낳는다.

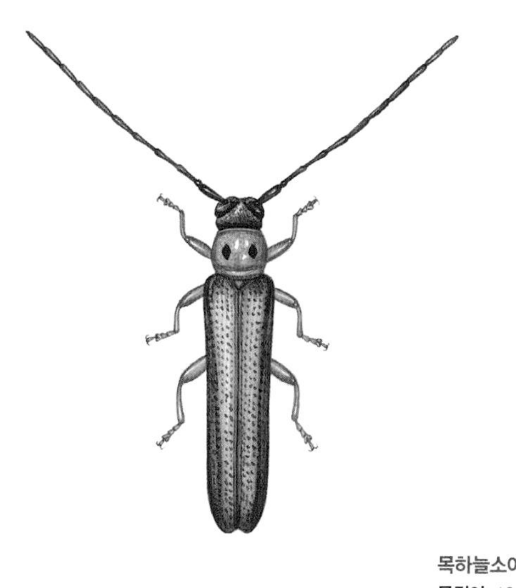

목하늘소아과
몸길이 16～18mm
나오는 때 5～7월
겨울나기 애벌레

두눈사과하늘소 *Oberea oculata*

두눈사과하늘소는 주황빛 앞가슴등판에 두 눈처럼 새까만 점이 두 개 나 있다. 머리와 더듬이는 까맣고, 딱지날개는 잿빛이다. 몸이 길쭉하고 원통처럼 생겼다. 시냇가나 강 둘레에서 자라는 버드나무에서 볼 수 있다. 짝짓기를 마친 암컷은 수양버들이나 호랑버들, 키버들 같은 버드나무에 날아와 줄기에 큰턱으로 구멍을 낸 뒤 알을 낳는다. 알에서 나온 애벌레는 버드나무 줄기 속을 파먹고 자란다.

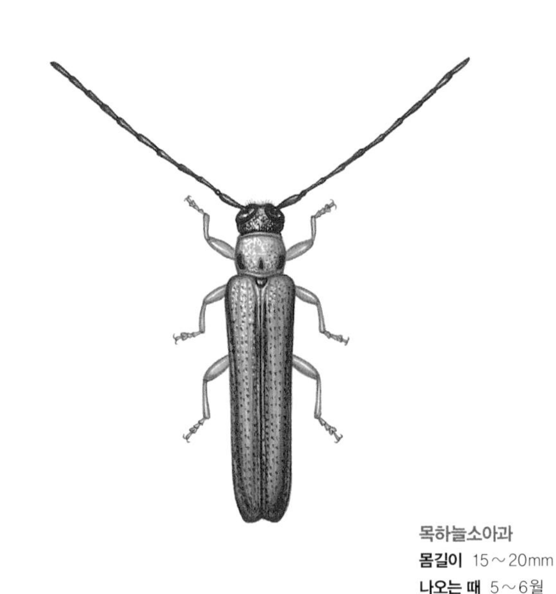

목하늘소아과
몸길이 15～20mm
나오는 때 5～6월
겨울나기 애벌레

고리사과하늘소 *Oberea pupillata*

고리사과하늘소는 머리와 더듬이가 까맣다. 앞가슴등판은 주홍색인데 까만 무늬가 있다. 딱지날개 위쪽은 주황색인데 날개 끝으로 갈수록 푸르스름한 검은색을 띤다. 다리는 빨갛다. 중부 지방 산에서 볼 수 있다.

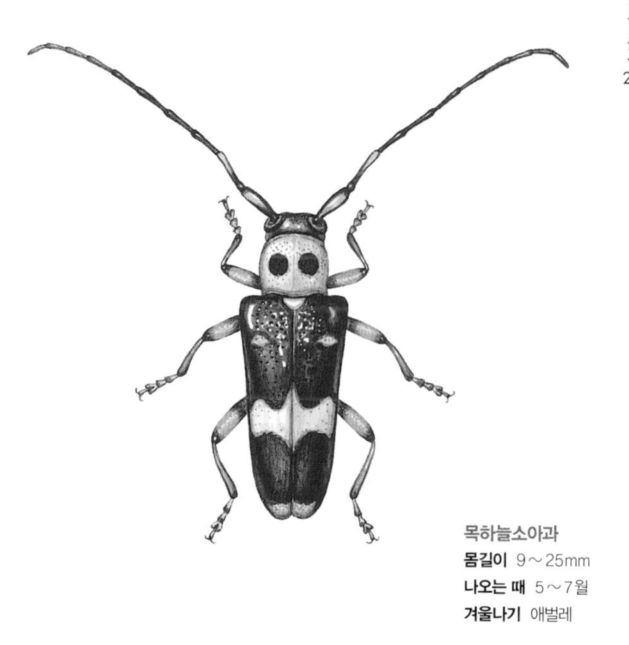

목하늘소아과
몸길이 9～25mm
나오는 때 5～7월
겨울나기 애벌레

모시긴하늘소 *Paraglenea fortunei*

모시긴하늘소는 앞가슴등판에 까만 점 무늬가 2개 있다. 딱지날개는 까만데 풀빛이 도는 넓은 가로 무늬가 있다. 남부 지방에서 산다. 무궁화나 모시풀에서 자주 보인다. 짝짓기를 마친 암컷은 모시풀 줄기 속에 알을 낳는다. 알에서 나온 애벌레는 줄기 속을 갉아 먹으며 큰다. 애벌레로 겨울을 나고 이듬해 어른벌레가 된다.

딱정벌레 더 알아보기

밑빠진벌레과

딱지날개가 배마디를 다 덮지 못하고 짧아서 꼭 밑이 빠진 것처럼 보인다고 '밑빠진벌레'라는 이름이 붙었다. 밑빠진벌레 무리는 온 세계에 2,700종쯤 살고, 우리나라에 53종이 알려졌다. 대부분 몸집이 5mm가 안 될 만큼 작고 납작하며 동글동글하다. 딱지날개 무늬가 없는 종들은 눈으로 구별하기가 쉽지 않다. 대부분 몸빛이 나무껍질과 비슷해서 눈에 잘 안 띈다. 딱지날개에 불그스름한 무늬가 있는 종도 있다. 더듬이는 11마디이고, 마지막 3마디가 부풀어서 꼭 곤봉처럼 생겼다. 산이나 들판에 산다. 어른벌레나 애벌레 모두 꽃가루나 썩은 과일, 나뭇진, 동물 주검, 썩은 나무에 붙은 균류 따위를 먹고 산다. 어두운 숲속 나무에서 흐르는 나뭇진에 자주 보인다. 나뭇진에 잘 모인다고 서양에서는 '수액 먹는 딱정벌레(Sap Beetle)'라고 한다. 밤에 불빛으로 날아오기도 한다.

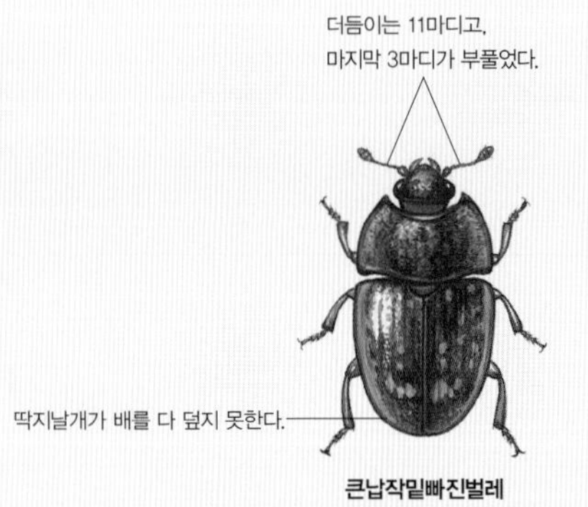

큰납작밑빠진벌레

허리머리대장과

허리머리대장 무리는 우리나라에 넓적머리대장, 큰턱허리머리대장, 우수리허리머리대장, 긴허리머리대장, 맵시허리머리대장 이렇게 5종이 알려졌다. 얼마 전까지 머리대장과에 속하던 무리다. 대부분 넓은잎나무 나무껍질 밑에 살면서 벌레를 잡아먹고 사는 것으로 알려졌다. 나무껍질 속에서 살아서 아직까지 사는 모습은 잘 안 알려졌다. 몸길이는 5mm쯤 밖에 안 될 만큼 작다. 몸에 비해 더듬이는 길다. 몸이 위아래로 납작해서 나무껍질 밑에서 살기 알맞다. 제법 빠르게 돌아다니고 턱이 크고 튼튼해서 힘없는 벌레를 잡아먹는다.

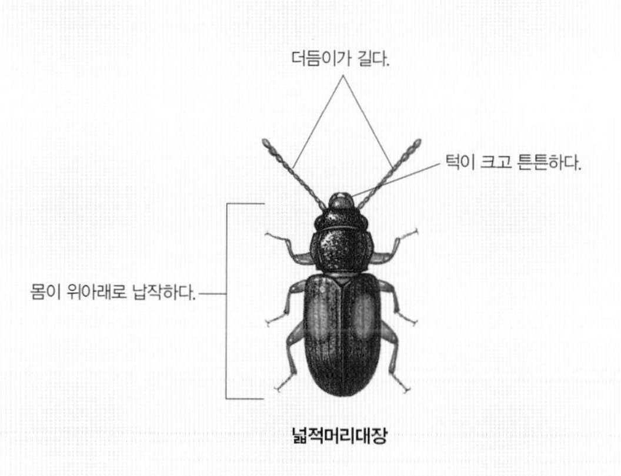

넓적머리대장

머리대장과

몸에 비해 머리가 커서 '머리대장'이라는 이름이 붙었다. 머리대장 무리는 우리나라에 3종쯤 산다. 모두 나무껍질 밑에서 살면서 여러 가지 힘없는 애벌레를 잡아먹는다. 나무껍질 밑에 살기 좋도록 몸은 위아래로 납작하고, 나무를 파기 좋도록 머리는 커졌다. 더듬이는 10~11마디다. 딱지날개 끝은 둥그스름하고 배를 다 덮는다. 배는 5마디로 되어 있다. 발목마디는 5마디다.

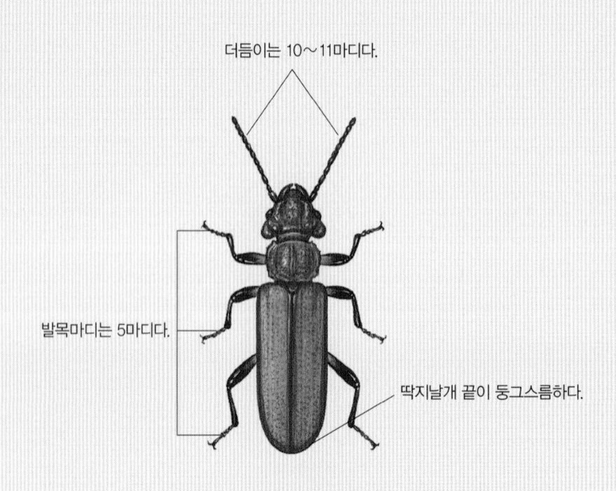

주홍머리대장

나무쑤시기과

나무쑤시기 무리는 이름처럼 나무를 파고 사는 딱정벌레다. 나무를 잘 쑤실 수 있도록 머리가 뾰족하다. 우리나라에 3종이 알려졌다. 머리가 작다. 더듬이는 끝 4마디가 곤봉처럼 부풀었다. 배는 5마디다. 딱지날개 위쪽에는 동그란 무늬가 2쌍씩 있다. 발목마디는 5마디다.

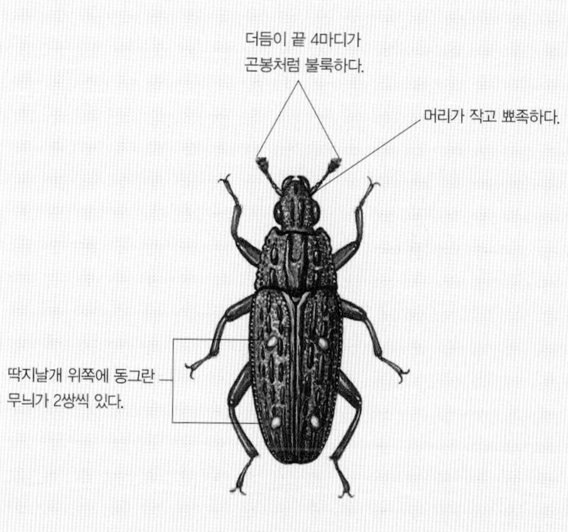

고려나무쑤시기

쑤시기붙이과

쑤시기붙이 무리는 나무쑤시기 무리와 생김새가 닮았다. 온 세계에 16종쯤이 알려졌고, 우리나라에 2종이 알려졌다. 크기가 작고, 온몸에 털이 나 있다. 여러 가지 꽃에서 많이 보인다. 짝짓기를 하면 꽃에 알을 낳는다고 한다. 두 주쯤 지나면 알에서 애벌레가 깨어 나온다. 애벌레는 어린잎이나 꽃, 열매를 갉아 먹는다고 한다. 여름이 되면 땅에 떨어져 땅속에 들어가 번데기가 되어 겨울을 난다고 한다.

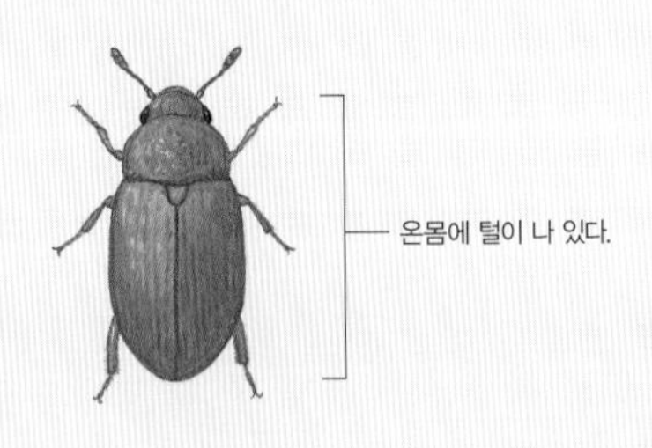

솜털쑤시기붙이

방아벌레붙이과

방아벌레붙이 무리는 온 세계에 400종쯤 살고, 우리나라에 7종이 알려졌다. 몸은 가늘고 길며 단단하고 납작하다. 온몸은 쇠붙이처럼 반짝거리고, 몸 끝과 발목마디를 빼고는 털이 없다. 더듬이는 11마디인데, 위쪽 3~6마디는 곤봉처럼 부풀어 올랐다. 머리 뒤쪽과 뒷날개에 소리를 내는 판이 있다. 그래서 머리와 앞가슴, 뒷날개와 딱지날개를 비벼서 소리를 낸다.

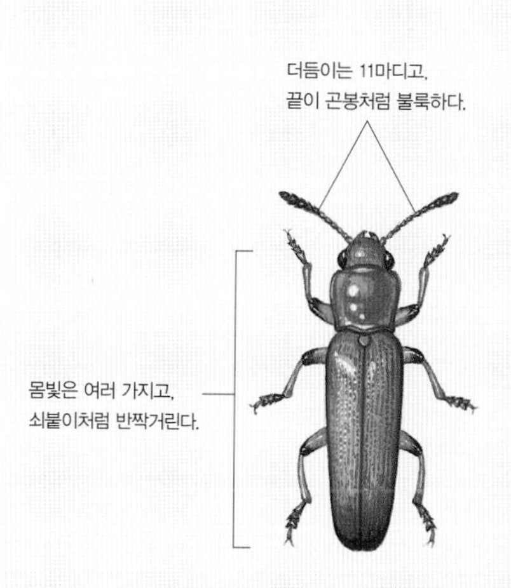

끝검은방아벌레붙이

버섯벌레과

버섯벌레 무리는 온 세계에 2,500종쯤이 살고, 우리나라에는 25종쯤이 알려졌다. 이름처럼 버섯벌레 무리는 썩은 나무나 나무뿌리에서 자라는 버섯을 먹고 산다. 버섯이 자라는 산이나 들판에서 볼 수 있다. 저마다 생김새나 크기, 몸빛이 다르다. 더듬이는 11마디고, 끝 3~4마디가 곤봉처럼 부풀었다. 밤에 불빛으로 날아오기도 한다.

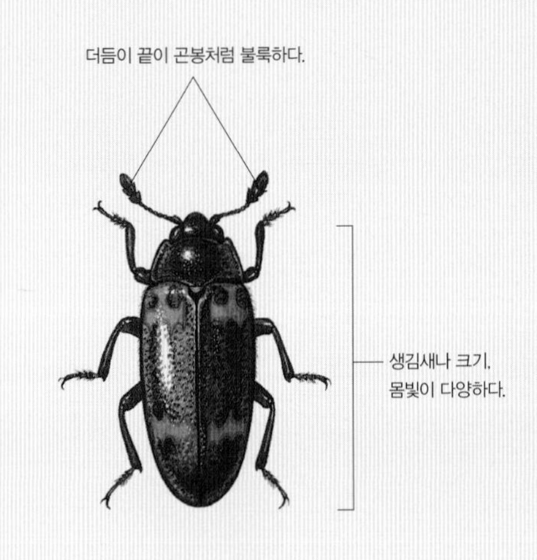

털보왕버섯벌레

무당벌레붙이과

무당벌레붙이 무리는 무당벌레와 생김새가 닮았지만, 더듬이가 더 길다. 온 세계에 1,780종쯤 살고, 우리나라에 10종이 알려졌다. 몸은 달걀꼴이고 길쭉하며 볼록하다. 딱지날개는 반들반들 반짝거리는데 때때로 솜털이 나 있다. 더듬이는 곤봉처럼 불룩하다. 발목마디는 앞다리, 가운뎃다리, 뒷다리가 4마디씩이다. 산이나 들판에서 볼 수 있다. 밤에 불빛으로 날아오기도 한다.

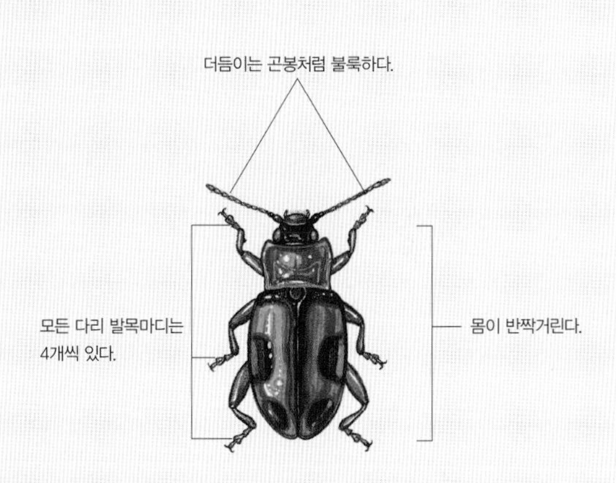

무당벌레붙이

무당벌레과

무당벌레 무리는 온 세계에 5,000종쯤이 살고, 우리나라에는 90종쯤 산다. 산이나 들판에 살고, 밤에 불빛으로 날아오기도 한다. 대부분 진딧물이나 나무이, 뿌리혹벌레, 깍지벌레 따위를 잡아먹는 육식성이다. 30종이 진딧물을 잡아먹고, 13종이 깍지벌레

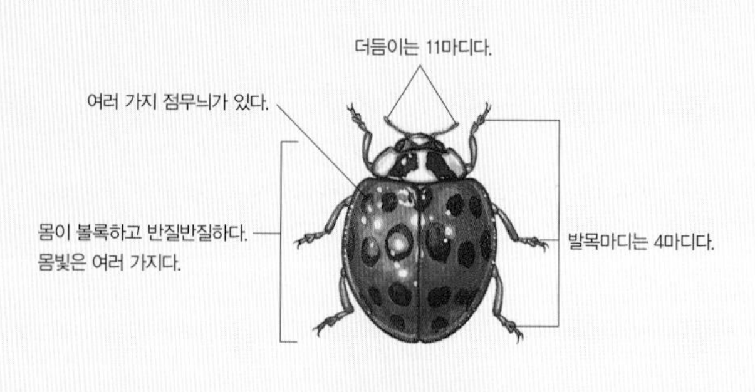

무당벌레

를 많이 잡아먹는다. 애벌레도 어른벌레처럼 진딧물을 잡아먹는다. 우리나라에 가장 흔한 무당벌레는 '칠성무당벌레'와 '무당벌레'다. 몸이 볼록하고, 딱지날개는 반들반들하다. 딱지날개에 동그란 무늬가 있는 종이 많다. 몸빛은 여러 가지다. 더듬이는 11마디인데, 때때로 10마디, 9마디, 8마디로 된 종도 있다. 발목마디는 4마디다.

무당벌레는 몸빛이 빨개서 마치 무당이 입는 옷을 떠올린다고 붙은 이름이다. 생김새가 꼭 엎어 놓은 됫박을 닮았다고 '됫박벌레'라고도 한다. 또 몸에 까만 점무늬가 있어서 북녘에서는 '점벌레'라고 한다. 몸빛이 빨간 까닭은 독이 있으니 잡아먹지 말라는 '경고색'이다. 위험을 느끼면 다리 마디에서 노랗거나 빨간 물이 나온다. 아주 쓴맛이 나기 때문에 새나 다른 벌레가 선불리 잡아먹지 못한다. 또 무당벌레는 적이 나타나면 몸을 움츠린 채 땅으로 떨어진다. 떨어지면서 몸을 뒤집는다. 다리는 움츠려 몸에 찰싹 붙이고는 죽은 것처럼 움직이지 않는다. 아니면 다리 마디에서 쓴 맛이 나는 물을 낸다.

긴썩덩벌레과

긴썩덩벌레 무리는 온 세계에 450종쯤 살고 있고, 우리나라에는 6종이 알려졌다. 사는 모습은 더 밝혀져야 한다. 머리는 늘 아래쪽을 바라본다. 더듬이는 10~11마디이고, 실처럼 가늘다. 앞가슴은 뒤쪽으로 폭이 넓어진다. 배는 5마디이다.

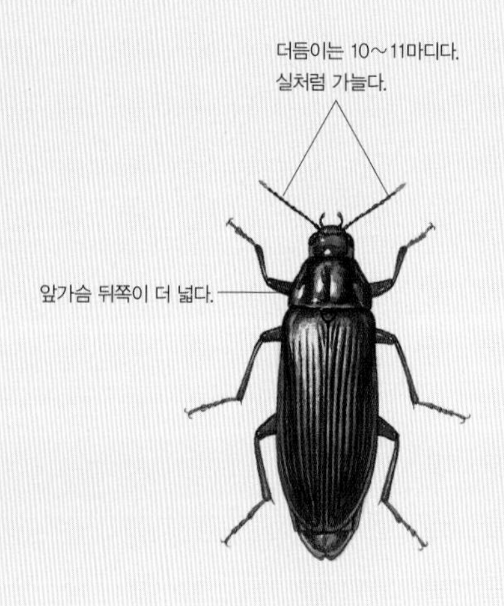

긴썩덩벌레

왕꽃벼룩과

왕꽃벼룩 무리는 꽃벼룩 무리보다 몸집이 크고, 가시처럼 생긴 꼬리가 없다. 우리나라에 4종이 알려졌다. 꽃벼룩처럼 꽃에서 살면서 꽃가루를 먹고 산다. 더듬이는 10~11마디인데 생김새가 여러 가지다. 또 암컷과 수컷 더듬이 생김새가 다르다. 애벌레는 벌이나 다른 곤충에 기생하며 벌 번데기 따위를 갉아 먹고 산다. 몸 생김새가 쐐기를 닮았다고 서양에서는 '쐐기 모양 딱정벌레(Wedge-shaped Beetle)'라고 한다.

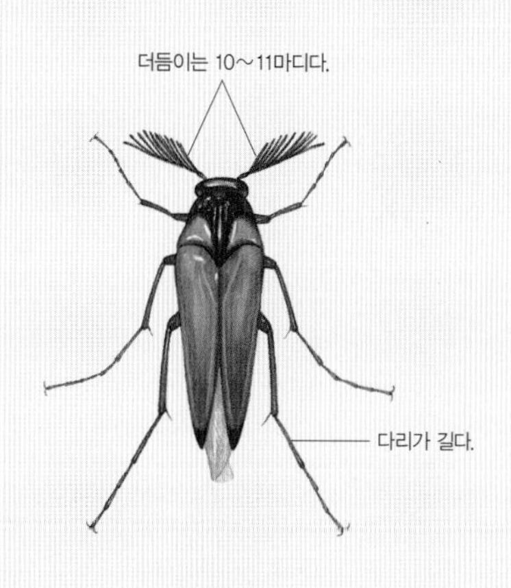

왕꽃벼룩

목대장과

목대장과 무리는 우리나라에 3종이 알려졌다. 저마다 몸빛과 무늬가 다르다. 몸과 다리는 길다. 뒷다리가 유난히 길다. 머리는 아래쪽으로 구부러졌다. 눈은 콩팥처럼 찌그러졌다. 더듬이는 11마디다. 딱지날개는 길고 끝이 좁아지며, 배를 다 덮는다. 산에서 많이 보인다. 밤에 불빛으로 날아오기도 한다.

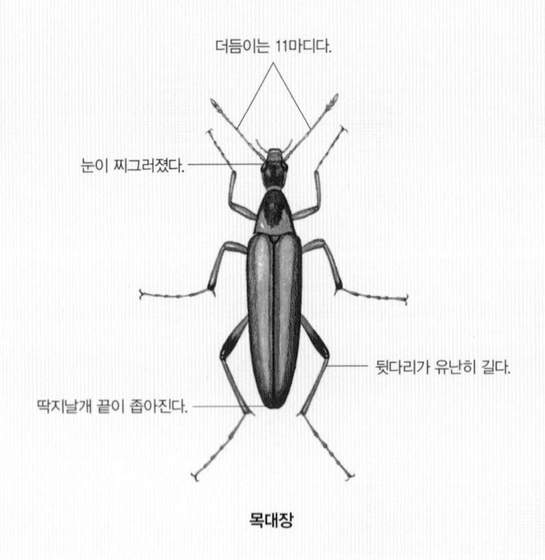

목대장

하늘소붙이과

생김새가 하늘소와 닮았다고 '하늘소붙이'다. 우리나라에는 25종쯤 알려졌다. 산에서 많이 보인다. 밤에 불빛으로 날아오기도 한다. 하늘소붙이는 저마다 몸에 난 무늬와 몸빛이 여러 가지다. 몸이 길쭉하고, 앞가슴도 길다. 앞다리 종아리마디 끝에 가시가 2개 있다. 더듬이는 11마디다. 딱지날개 바깥쪽에 솟은 줄은 날개 가장자리 선과 만난다. 수컷 뒷다리 허벅지마디는 굵지 않다. 어른벌레는 꽃가루를 먹고, 애벌레는 썩은 나무속을 파먹는다. 딱지날개는 하늘소보다 부드럽다. 손으로 누르면 말랑말랑하다.

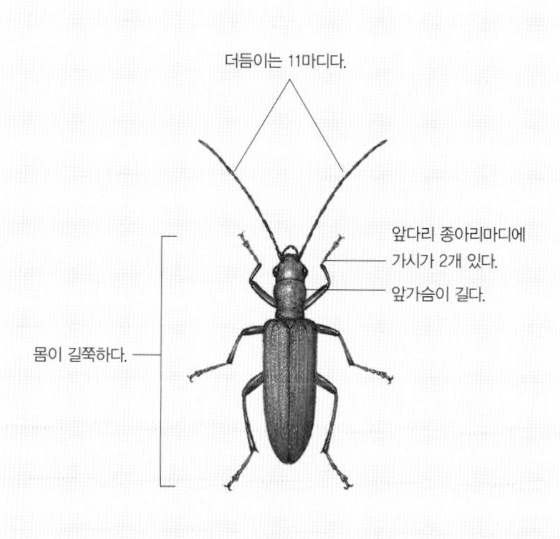

녹색하늘소붙이

홍날개과

홍날개 무리는 거저리상과에 속하며 온 세계에 30속 200종쯤 살고 있다. 거의 모두 온대 지역에서 살고, 남반구에는 우리나라에 살지 않는 아과 종들이 제한적으로 산다. 우리나라에는 3속 8종이 살고 있다. 어른벌레는 나무줄기나 꽃에 붙어 있는 모

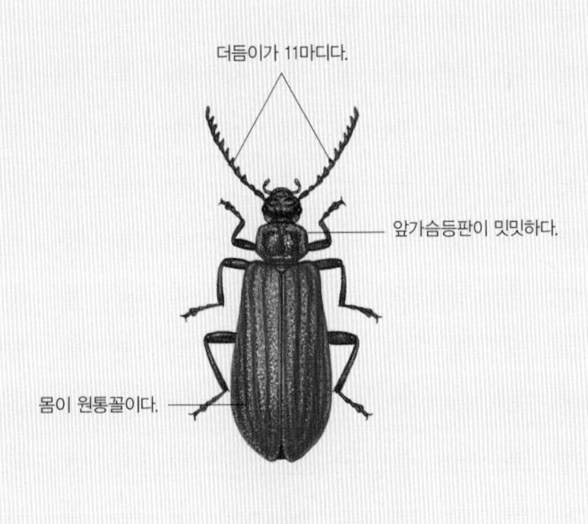

애홍날개

습을 자주 볼 수 있다. 몇몇 종 수컷은 칸타리딘이라는 독물을 만드는 가뢰를 공격해서 독물을 얻는다. 그 뒤에 암컷과 짝짓기를 할 때 가뢰에게 얻은 칸타리딘을 암컷에게 전달하는 것으로 알려져 있다. 암컷은 짝짓기를 한 뒤 알을 낳는데, 알에는 수컷에게 건네받은 칸타리딘 성분이 있다.

애벌레는 대부분 죽은 나무 껍질 밑에서 사는데, 몇몇 종은 땅속이나 소똥 아래에서 지내기도 한다. 애벌레 소화 기관에서 섬유질이나 균류의 잔해물 같은 것이 발견되는 것으로 보아 썩은 나무나 균류를 먹는 것으로 보인다.

홍날개 무리는 홍반디 무리와 매우 비슷하게 생겼는데, 홍날개 무리는 앞다리-가운뎃다리-뒷다리 발목마디 수가 5-5-4인데, 홍반디는 5-5-5여서 다르다. 또 홍날개는 거의 모든 홍반디에게서 보이는 앞가슴등판에 뚜렷하게 솟아오른 줄 모양이 없이 매끈하고 둥글다.

뿔벌레과

뿔벌레 무리는 온 세계에 3,000종쯤이 살고, 우리나라에는 27종이 알려졌다. 이름처럼 앞가슴등판에 뿔처럼 생긴 돌기가 툭 튀어나왔다. 더듬이는 11마디이고 실처럼 가늘거나 톱니처럼 생기거나 살짝 곤봉처럼 불룩하기도 하다. 딱지날개는 타원형이고

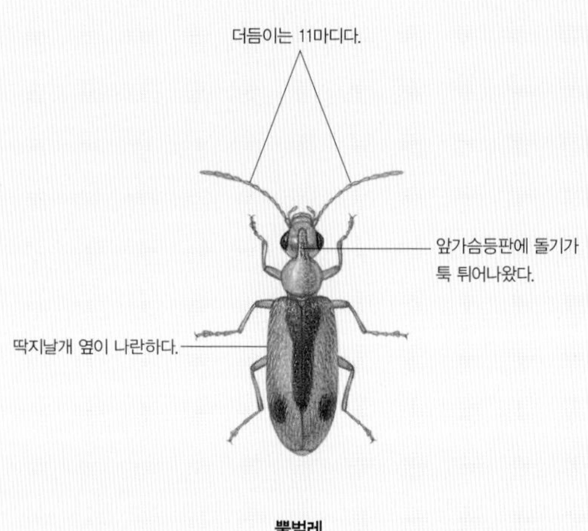

뿔벌레

옆이 나란하다. 앞다리-가운뎃다리-뒷다리 발목마디 수는 5-5-4이다.

어른벌레는 땅 위를 기어 다니면서 죽은 곤충이나 작은 벌레 따위를 먹는다. 또 꽃가루나 균사, 홀씨 따위를 먹기도 한다. 또 몇몇 종 수컷은 홍날개처럼 가뢰에 붙어 가뢰한테서 나오는 칸타리딘을 얻는다. 수컷은 이 물질을 암컷에게 주고 짝짓기를 한다. 또 뿔벌레 몇몇 종은 몸에서 특별한 물질이 나와 개미한테 공격을 받지 않고 개미 무리 사이를 자유롭게 돌아다닌다고 한다. 애벌레는 땅속에서 살며, 몇몇 종 애벌레는 감자 땅속줄기에 구멍을 낸다.

가뢰과

가뢰 무리는 모두 몸에 아주 센 독이 있다. 온 세계에 2,500종쯤 살고, 우리나라에는 20종쯤 산다. 5종은 몸빛이 검푸르고 배가 유난히 뚱뚱한 '남가뢰' 무리이고, 나머지는 모두 몸이 길고 둥근 통처럼 생겼는데 날개가 길어서 배를 다 덮는다.

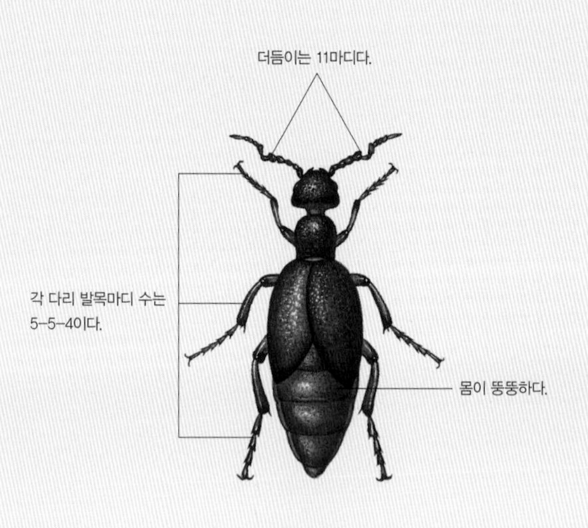

남가뢰

가뢰는 땅 위나 나뭇잎, 꽃 위를 기어 다니면서 잎과 꽃과 줄기를 갉아 먹고 산다. 몸 빛깔은 검푸른색이고, 배가 유난히 크고 뚱뚱하다. 배가 뚱뚱하지 않고 길고 원통꼴로 생긴 것도 있다. 앞날개는 아주 작고, 뒷날개가 없어서 날지 못한다. 보통 한낮에는 숨어 있다가 아침이나 저녁때쯤 천천히 기어서 돌아다닌다. 짝짓기를 마친 암컷은 땅속에 구멍을 파고 알을 낳는다. 알에서 나온 애벌레는 꽃 위로 떼를 지어 올라간다. 그러고는 꿀을 따러 날아오는 벌 몸에 붙어 퍼진다. 애벌레는 여러 차례 허물을 벗고 번데기를 거쳐서 어른벌레가 된다. 애벌레는 허물을 벗을 때마다 생김새가 많이 다르다. 1령 애벌레는 몸이 단단하고 잘 기어 다닌다. 그 뒤로 4번 허물을 벗을 때까지는 굼벵이처럼 생겼다. 6령 애벌레가 되면 번데기처럼 딱딱해진다. 허물을 또 한 번 벗어 7령 애벌레가 되면 5령 애벌레처럼 굼벵이가 되는데, 이때는 아무것도 안 먹고 있다가 번데기가 된다. 땅속에 사는 애벌레는 아주 어렸을 때는 메뚜기 알을 먹는 종류가 많고, 벌이 낳은 알을 먹고 사는 종류도 있다. 조금 자라면 다른 곤충 알이나 애벌레를 잡아먹는다.

가뢰는 몸에서 칸타리딘이라는 아주 센 독물이 나온다. 맨손으로 가뢰를 만지면 살갗이 부풀어 오르고 진물이 날 수 있기 때문에 조심해야 한다. 몸에서 나오는 독물 때문에 움직임은 느려도 잡아먹히지 않고 산다. 이 독물은 수컷한테서만 나온다. 짝짓기를 하면 암컷 몸으로 들어가고, 애벌레도 독이 있다.

혹거저리과

혹거저리 무리는 거저리상과에 속하며 온 세상에 200속 1,700종쯤 살고 있다. 주로 남반구 열대 지역에 사는 것으로 알려져 있다. 우리나라에는 10속 16종쯤 산다. 원래 혹거저리 무리는 26속 120종쯤으로 알려졌으나, 요즘 연구에서 혹거저리 무리와 길쭉벌레 무리가 자매 무리로 밝혀졌다. 몇몇 길쭉벌레는 혹거저리처럼 생겼기 때문에 두 무리를 통합하는 연구가 이루어지고 있다.

혹거저리 무리는 주로 썩은 나무처럼 식물이 썩은 곳에서 살며, 균류를 먹는 것으로 알려졌다. 또 몇몇 종들은 목재로 쓰는 나무를 먹어 구멍을 뚫어 놓는다.

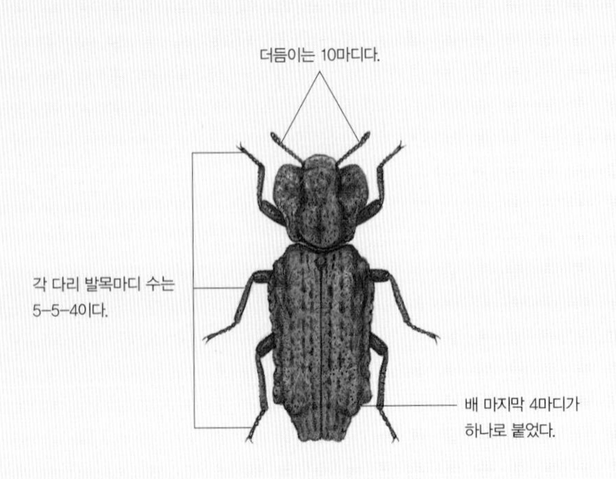

혹거저리

잎벌레붙이과

잎벌레와 생김새가 닮았다고 '잎벌레붙이'다. 잎벌레붙이 무리는 온 세계에 500종 넘게 살고, 우리나라에 12종이 알려졌다. 생김새나 몸빛이 저마다 다르다. 더듬이는 실처럼 길쭉하거나 염주를 꿴 것 같거나 곤봉처럼 생겼다. 산에서 보인다. 나무나 풀, 나무껍질 속에서 산다. 밤에 불빛으로 날아오기도 한다. 애벌레는 땅속이나 썩은 나무속이나 썩은 나무껍질 속에서 산다.

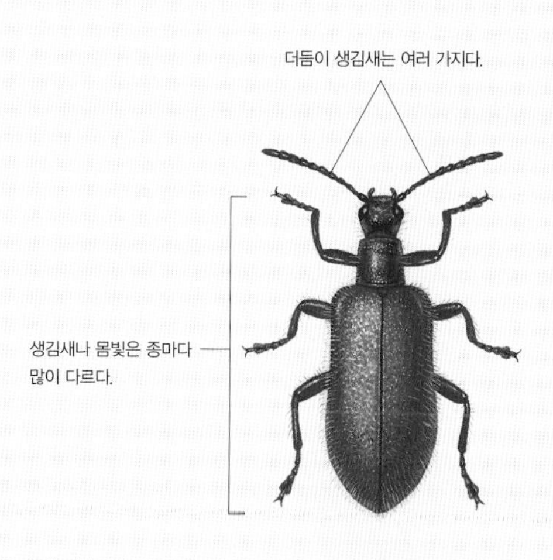

큰남색잎벌레붙이

거저리과

거저리 무리는 온 세계에 22,000종쯤이 살고 있다. 우리나라에는 130종쯤이 알려졌다. 산이나 들판, 강가, 바닷가에서 산다. 생김새가 무당벌레처럼 둥근 것부터 하늘소처럼 길쭉한 것, 먼지벌레처럼 납작한 것까지 여러 가지다. 몸 색깔은 어둡고, 밤에 나와 돌아다니거나 어두운 곳을 좋아한다. 더듬이는 11마디인데 실처럼 길쭉하거나 염주를 꿰어 놓은 것 같거나, 곤봉처럼 불룩하거나, 톱니처럼 생겼다. 대부분 식물이나 버섯을 먹지만, 썩은 고기나 식물 뿌리에 있는 균을 먹는 종도 있다. 몇몇 종은 사람들이 갈무리한 곡식을 갉아 먹어서 피해를 주기도 한다.

거저리 무리와 먼지벌레 무리는 생김새가 아주 닮아서 헷갈린다. 거저리 무리는 머리가 땅 쪽을 바라보고, 먼지벌레 무리는 머리가 앞쪽을 바라본다. 또 거저리 무리 더듬이는 생김새가 여러 가지인데, 먼지벌레 무리 더듬이는 거의 실처럼 길쭉하다. 또 거저리 무리는 뒷다리 발목마디가 4마디인데, 먼지벌레 무리는 모두 5마디다.

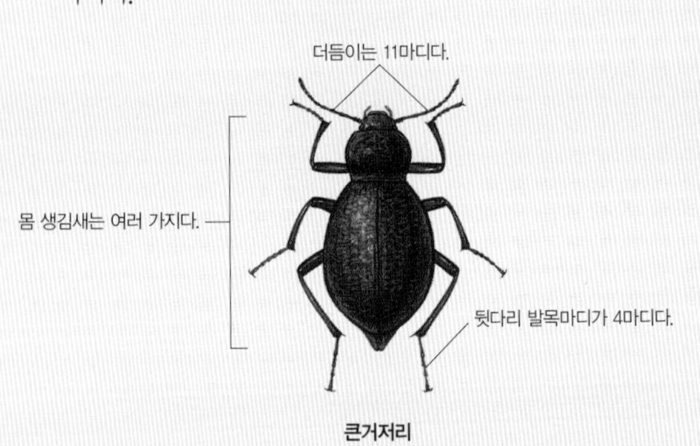

큰거저리

썩덩벌레과

썩덩벌레 무리는 온 세계에 700종 넘게 살고, 우리나라에는 14종이 알려졌다. 거저리 무리와 생김새가 닮았는데, 발목마디에 빗살처럼 생긴 발톱이 있어서 다르다. 몸은 길쭉하다. 더듬이는 실처럼 길쭉하거나, 염주처럼 이어지거나 톱니처럼 생겨서 여러 가지다. 거의 모두 밤에 나와 돌아다닌다. 식물 잎이나 꽃, 나무 껍질에서 보이고 새 둥지에서도 보인다.

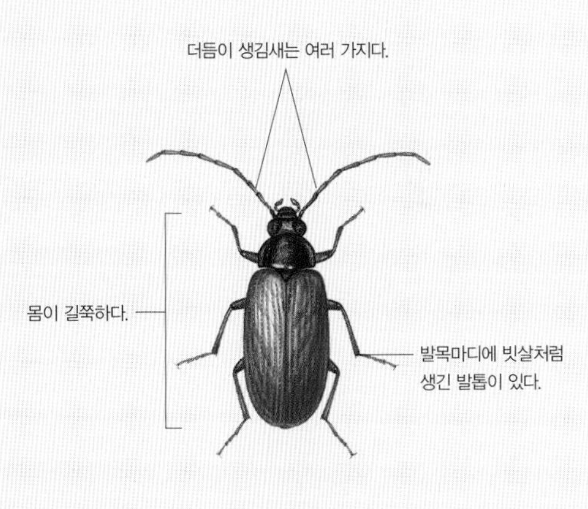

홍날개썩덩벌레

하늘소과

하늘소 무리는 온 세계에 25,000종쯤이 살고, 우리나라에 300종이 산다고 알려졌다. 이들은 크게 일곱 무리로 나뉘는데 그 가운데 꽃하늘소 무리가 70종 가까이 되어 수가 가장 많다.

더듬이가 마치 소뿔처럼 생긴 곤충이 날아다닌다고 '하늘소'라는 이름이 붙었지만, 이 이름은 일본에서 붙인 이름을 가져온 것

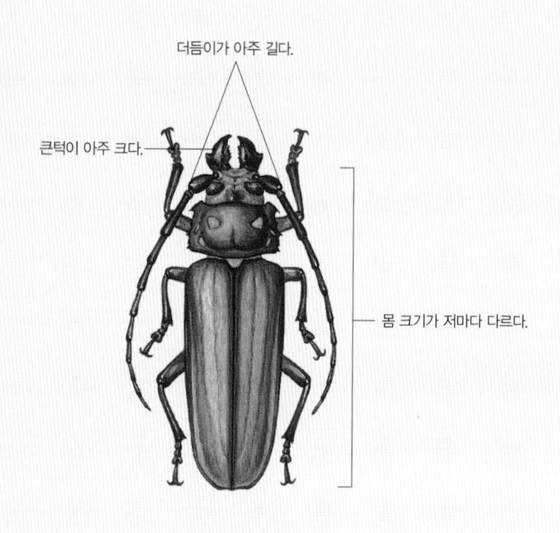

장수하늘소

이다. 본디 우리 이름은 '돌드레'라고 한다. 돌드레는 하늘소 더듬이를 잡고 작은 돌을 들어 올리는 놀이에서 온 이름이다. 서양 사람들은 더듬이가 아주 길다고 '긴 뿔 딱정벌레(Long-horn Beetle)'라고 한다. 수컷 더듬이가 몸길이보다 두 배가 넘게 긴 종들이 있다. 거의 모든 암컷은 더듬이가 몸길이보다 짧다.

하늘소 무리는 몸길이가 2mm 밖에 안 되는 종부터 150mm나 되는 큰 종까지 여러 가지다. 몸빛도 저마다 다르다. 큰턱이 아주 크고 힘도 세서 대부분 썩은 나무나 살아 있는 나무줄기를 갉아 먹는다. 애벌레도 나무속을 파먹어서 나무에 피해를 준다. 꿀과 꽃가루를 먹는 하늘소도 많다. 짝짓기를 마친 암컷은 나무껍질을 입으로 물어뜯은 뒤 줄기 속에 알을 하나씩 낳는다. 알에서 나온 애벌레는 나무속을 파먹으며 자란다. 나무속에서 번데기를 거쳐 어른벌레로 날개돋이 한 뒤 밖으로 나온다.

찾아보기

학명 찾아보기

A

B

C

G

H

I

J

L

M

N

O

P

R

S

T

U

V

X

Z

우리말 찾아보기

가

나

아

자

차

카

타

파

하

참고한 책

단행본

《갈참나무의 죽음과 곤충 왕국》 정부희, 상상의숲, 2016
《검역해충 분류동정 도해집(딱정벌레목)》 농림축산검역본부, 2018
《곤충 개념 도감》 필통 속 자연과 생태, 2013
《곤충 검색 도감》 한영식, 진선북스, 2013
《곤충 도감 – 세밀화로 그린 보리 큰도감》 김진일 외, 보리, 2019
《곤충 마음 야생화 마음》 정부희, 상상의숲, 2012
《곤충 쉽게 찾기》 김정환, 진선북스, 2012
《곤충, 크게 보고 색다르게 찾자》 김태우, 필통 속 자연과 생태, 2010
《곤충들의 수다》 정부희, 상상의숲, 2015
《곤충분류학》 우건석, 집현사, 2014
《곤충은 대단해》 마루야마 무네토시, 까치, 2015
《곤충의 밥상》 정부희, 상상의숲, 2013
《곤충의 비밀》 이수영, 예림당, 2000
《곤충의 빨간 옷》 정부희, 상상의숲, 2014
《곤충의 유토피아》 정부희, 상상의숲, 2011
《과수병 해충》 농촌진흥청, 1997
《나무와 곤충의 오랜 동행》 정부희, 상상의숲, 2013
《내가 좋아하는 곤충》 김태우, 호박꽃, 2010
《논 생태계 수서무척추동물 도감(증보판)》 농촌진흥청, 2008
《딱정벌레 왕국의 여행자》 한영식, 이승일, 사이언스북스, 2004
《딱정벌레》 박해철, 다른세상, 2006
《딱정벌레의 세계》 아서 브이 에번스, 찰스 엘 벨러미, 까치, 2004
《물속 생물 도감》 권순직, 전영철, 박재흥, 자연과생태, 2013
《미니 가이드 8, 딱정벌레》 박해철 외, 교학사, 2006
《버섯살이 곤충의 사생활》 정부희, 지성사, 2012
《봄, 여름, 가을, 겨울 곤충일기》 이마모리 미스히코, 1999
《사계절 우리 숲에서 만나는 곤충》 정부희, 지성사, 2015

《사슴벌레 도감》 김은중, 황정호, 안승락, 자연과생태, 2019
《쉽게 찾는 우리 곤충》 김진일, 현암사, 2010
《신 산림해충 도감》 국립산림과학원. 2008
《우리 곤충 200가지》 국립수목원, 지오북, 2010
《우리 곤충 도감》 이수영, 예림당, 2004
《우리 땅 곤충 관찰기 1~4》 정부희, 길벗스쿨, 2015
《우리 산에서 만나는 곤충 200가지》 국립수목원, 지오북, 2013
《우리 주변에서 쉽게 찾아보는 한국의 곤충》 박성준 외, 국립환경과학원, 2012
《우리가 정말 알아야 할 우리 곤충 백가지》 김진일, 현암사, 2009
《이름으로 풀어보는 우리나라 곤충 이야기》 박해철, 북피아주니어, 2007
《잎벌레 세계》 안승락, 자연과 생태, 2013
《전국자연환경조사 데이터북 3권 한국의 동물2(곤충)》 강동원 외, 국립생태원, 2017
《조영권이 들려주는 참 쉬운 곤충 이야기》 조영권, 철수와영희, 2016
《종의 기원》 다윈, 동서문화사, 2009
《주머니 속 곤충 도감》 손상봉, 황소걸음, 2013
《주머니 속 딱정벌레 도감》 손상봉, 황소걸음, 2009
《하늘소 생태 도감》 장현규 외, 지오북, 2015
《하천 생태계와 담수무척추동물》 김명철, 천승필, 이존국, 지오북, 2013
《한국 곤충 생태 도감Ⅲ – 딱정벌레목》 김진일, 1999
《한국 밤 곤충 도감》 백문기, 자연과 생태, 2016
《한국동식물도감 제10권 동물편(곤충류 Ⅱ)》 조복성, 문교부, 1969
《한국동식물도감 제30권 동물편(수서곤충류)》 윤일병 외, 문교부, 1988
《한국의 곤충 제12권 1호 상기문류》 김진일, 환경부 국립생물자원관, 2011
《한국의 곤충 제12권 2호 바구미Ⅰ》 홍기정, 박상욱, 한경덕, 국립생물자원관, 2011
《한국의 곤충 제12권 3호 측기문류》 김진일, 환경부 국립생물자원관, 2012
《한국의 곤충 제12권 4호 병대벌레류Ⅰ》 강태화, 환경부 국립생물자원관, 2012
《한국의 곤충 제12권 5호 거저리류》 정부희, 환경부 국립생물자원관, 2012
《한국의 곤충 제12권 6호 잎벌레류(유충)》 이종은, 환경부 국립생물자원관, 2012
《한국의 곤충 제12권 7호 바구미류Ⅱ》 홍기정 외, 환경부 국립생물자원관, 2012

《한국의 곤충 제12권 8호 바구미류Ⅳ》 박상욱 외, 환경부 국립생물자원관, 2012
《한국의 곤충 제12권 9호 거저리류》 정부희, 환경부 국립생물자원관, 2012
《한국의 곤충 제12권 10호 비단벌레류》 이준구, 안기정, 환경부 국립생물자원관, 2012
《한국의 곤충 제12권 11호 바구미류Ⅴ》 한경덕 외, 환경부 국립생물자원관, 2013
《한국의 곤충 제12권 12호 거저리류》 정부희, 환경부 국립생물자원관, 2013
《한국의 곤충 제12권 13호 딱정벌레류》 박종균, 박진영, 환경부 국립생물자원관, 2013
《한국의 곤충 제12권 14호 송장벌레》 조영복, 환경부, 국립생물자원관, 2013
《한국의 곤충 제12권 21호 네눈반날개아과》 김태규, 안기정, 환경부, 국립생물자원관, 2015
《한국의 곤충 제12권 26호 수서딱정벌레Ⅱ》 이대현, 안기정, 환경부, 국립생물자원관, 2019
《한국의 곤충 제12권 27호 거저리상과》 정부희, 환경부, 국립생물자원관. 2019
《한국의 곤충 제12권 28호 반날개아과》 조영복. 환경부, 국립생물자원관. 2019
《한국의 딱정벌레》 김정환, 교학사, 2001
《화살표 곤충 도감》 백문기, 자연과 생태, 2016

《原色日本甲虫図鑑 Ⅰ~Ⅳ》 保育社, 1985
《原色日本昆虫図鑑 上, 下》 保育社, 2008
《日本産カミキリムシ検索図説》 大林 延夫, 東海大学出版会, 1992
《日本産コガネムシ上科標準図鑑》 荒谷 邦雄 岡島 秀治, 学研

논문

갈색거저리(Tenebrio molitor L.)의 발육특성 및 육계용 사료화 연구. 구희연. 전남대학교. 2014
강원도 백두대간내에 서식하는 지표배회성 딱정벌레의 군집구조와 분포에 관한 연구. 박용환. 강원대학교. 2014
골프장에서 주둥무늬차색풍뎅이, Adoretus tenuimaculatus (Coleoptera:

Scarabaeidae)와 기주식물간의 상호관계에 관한 연구. 이동운. 경상대학교. 2000
광릉긴나무좀의 생태적 특성 및 약제방제. 박근호. 충북대학교. 2008
광릉숲에서의 장수하늘소(딱정벌레목: 하늘소과) 서식실태 조사결과 및 보전을 위한 제언. 변봉규 외. 한국응용곤충학회지. 2007
국내 습지와 인근 서식처에서 딱정벌레류(딱정벌레목, 딱정벌레과)의 시공간적 분포양상. 도윤호. 부산대학교. 2011
극동아시아 바수염반날개속 (딱정벌레목: 반날개과: 바수염반날개아과)의 분류학적 연구. 박종석. 충남대학교. 2006
기주식물에 따른 딸기잎벌레(Galerucella grisescens(Joannis))의 생활사 비교. 장석원. 대전대학교. 2002
기주에 따른 팥바구미(Callosobruchus chinensis L.)의 산란 선호성 및 성장. 김슬기. 창원대학교. 2016
꼬마남생이무당벌레(Propylea japonica Thunberg)의 온도별 성충 수명, 산란수 및 두 종 진딧물에 대한 포식량. 박부용, 정인홍, 김길하, 전성욱, 이상구. 한국응용곤충학회지. 2019
꼬마남생이무당벌레[Propylea japonica (Thunberg)]의 온도발육모형. 이상구, 박부용, 전성욱, 정인홍, 박세근, 김정환, 지창우, 이상범. 한국응용곤충학회지. 2017
노란테먼지벌레(Chlaenius inops)의 精子形成에 對한 電子顯微鏡的 觀察. 김희룡. 경북대학교. 1986
노랑무당벌레의 발생기주 및 생물학적 특성. 이영수, 장명준, 이진구, 김준란, 이준호. 한국응용곤충학회지. 2015
노랑무당벌레의 발생기주 및 생물학적 특성. 이영수, 장명준, 이진구, 김준란, 이준호. 한국응용곤충학회지. 2015
녹색콩풍뎅이의 방제에 관한 연구. 이근식. 상주대학교. 2005
농촌 경관에서의 서식처별 딱정벌레 (딱정벌레목: 딱정벌레과) 군집 특성. 강방훈. 서울대학교. 2009
느티나무벼룩바구미(Rhynchaenussanguinipes)의 생태와 방제. 김철수. 한국수목보호연구회. 2005

도토리거위벌레(Mechoris ursulus Roelfs)의 번식 행동과 전략. 노환춘. 서울대학교. 1999

도토리거위벌레(Mechoris ursulus Roelofs)의 산란과 가지절단 행동. 이경희. 서울대학교. 1997

돌소리쟁이를 섭식하는 좀남색잎벌레의 생태에 관하여. 장석원, 이선영, 박영준, 조영호, 남상호. 대전대학교. 2002

동아시아산 길앞잡이(Coleoptera: Cicindelidae)에 대한 계통학적 연구. 오용균. 경북대학교. 2014

멸종위기종 비단벌레 (Chrysochroa fulgidissima) (Coleoptera: Buprestidae) 및 멋조롱박딱정벌레 (Damaster mirabilissimus mirabilissimus) (Coleoptera: Carabidae)의 완전 미토콘드리아 유전체 분석. 홍미연. 전남대학교. 2009

무당벌레(Hamonia axyridis)의 촉각에 분포하는 감각기의 미세구조. 박수진. 충남대학교. 2001

무당벌레(Harmonia axyridis)의 초시 칼라패턴 변이와 효과적인 사육시스템 연구. 서미자. 충남대학교. 2004

바구미상과: 딱정벌레목. 홍기정, 박상욱, 우건석. 농촌진흥청. 2001

바닷가에 서식하는 따개비반날개족과 바닷말반날개속의 분자계통학적 연구 (딱정벌레목: 반날개과). 전미정. 충남대학교. 2006

바수염반날개속의 분자 계통수 개정 및 한국산 Oxypodini족의 분류학적 연구 (딱정벌레목: 반날개과: 바수염반날개아과). 송정훈. 충남대학교. 2011

버들바구미 생태(生態)에 관(關)한 연구(硏究). 강전유. 한국산림과학회. 1971

버들바구미 생태에 관한 연구. 강전유. 한국임학회지. 1971

버섯과 연관된 한국산 반날개류 4 아과의 분류학적 연구 (딱정벌레목 : 반날개과: 입치레반날개아과, 넓적반날개아과, 밑빠진버섯벌레아과, 뾰족반날개아과). 김명희. 충남대학교. 2005

벼물바구미의 가해식물. 김용헌, 임경섭. 한국응용곤충학회지. 1992

벼잎벌레(Oulema oryzae) 월동성충의 산란 및 유충 발육에 미치는 온도의 영향. 이기열, 김용헌, 장영덕. 한국응용곤충학회지. 1998

부산 장산의 딱정벌레류 분포 및 다양성에 관한 연구. 박미화.

경남과학기술대학교. 2013
북방수염하늘소의 교미행동. 김주섭. 충북대학교. 2007
뽕나무하늘소 (Apriona germari) 셀룰라제의 분자 특성. 위아동. 동아대학교. 2006
뽕밭에서 월동하는 뽕나무하늘소(Apriona germari Hope)의 생태적 특성. 윤형주 외. 한국응용곤충학회지. 1997
산림생태계내의 한국산 줄범하늘소족 (딱정벌레목: 하늘소과: 하늘소아과)의 분류학적 연구. 한영은. 상지대학교. 2010
상주 도심지의 딱정벌레상과(Caraboidea) 발생상에 관한 연구. 정현석. 상주대학교. 2006
소나무림에서 간벌이 딱정벌레류의 분포에 미치는 영향. 강미영. 경남과학기술대학교. 2013
소나무재선충과 솔수염하늘소의 생태 및 방제물질의 선발과 이용에 관한 연구. 김동수. 경상대학교. 2010
소나무재선충의 매개충인 솔수염하늘소 성충의 우화 생태. 김동수 외. 한국응용곤충학회지. 2003
솔수염하늘소 成蟲의 活動리듬과 소나무材線蟲 防除에 關한 研究. 조형제. 진주산업대학교. 2007
Systematics of the Korean Cantharidae (Coleoptera). 강태화. 성신여자대학교. 2008
알팔파바구미 성충의 밭작물 유식물에 대한 기주선호성. 배순도, 김현주, Bishwo Prasad Mainali, 윤영남, 이건휘. 한국응용곤충학회지. 2013
애반딧불이(Luciola lateralis)의 서식 및 발생에 미치는 환경 요인. 오홍식. 대전대학교. 2009
외래종 돼지풀잎벌레(Ophrealla communa LeSage)의 국내 발생과 분포현황. 손재친, 인승릭, 이중은, 박규떽. 한국응용곤충학회지. 2002
우리나라에서 무당벌레(Harmoniaaxyridis Coccinellidae)의 초시무늬의 표현형 변이와 유전적 상관. 서미자, 강은진, 강명기, 이희진 외. 한국응용곤충학회지. 2007

유리알락하늘소를 포함한 14종 하늘소의 새로운 기주식물 보고 및 한국산 하늘소과[딱정벌레목: 잎벌레상과]의 기주식물 재검토. 임종옥 외. 한국응용곤충학회지. 2014
유충의 이목 침엽수 종류에 따른 북방수염하늘소의 성장과 발육 및 생식. 김주. 강원대학교. 2009
일본잎벌레의 분포와 먹이원 분석. 최종윤, 김성기, 권용수, 김남신. 생태와 환경. 2016
잎벌레과: 딱정벌레목. 이종은, 안승락. 농촌진흥청. 2001
잣나무林의 딱정벌레目과 거미目의 群集構造에 關한 硏究. 김호준. 고려대학교. 1988
저곡해충편람. 국립농산물검사소. 농림수산식품부. 1993
저장두류에 대한 팥바구미의 산란, 섭식 및 우화에 미치는 온도의 영향. 김규진, 최현순. 한국식물학회. 1987
제주도 습지내 수서곤충(딱정벌레목) 분포에 관한 연구. 정상배, 제주대학교. 2006
제주 감귤에 발생하는 밑빠진벌레과 종 다양성 및 애넓적밑빠진벌레 개체군 동태. 장용석. 제주대학교. 2011
제주 교래 곶자왈과 그 인근 지역의 딱정벌레類 분포에 관한 연구. 김승언. 제주대학교. 2011
제주 한경-안덕 곶자왈에서 함정덫 조사를 통한 지표성 딱정벌레의 종다양성 분석. 민동원. 제주대학교. 2014
제주도의 먼지벌레 (II). 백종철, 권오균. 한국곤충학회지. 1993
제주도의 먼지벌레 (IV). 백종철. 한국토양동물학회지. 1997
제주도의 먼지벌레 (V). 백종철, 정세호. 한국토양동물학회지. 2003
제주도의 먼지벌레 (VI). 백종철, 정세호. 한국토양동물학회지. 2004
제주도의 먼지벌레. 백종철. 한국곤충학회지. 1988
주요 소똥구리종의 생태: 토양 환경에서의 역할과 구충제에 대한 반응. 방혜선. 서울대학교. 2005
주황긴다리풍뎅이(Ectinohoplia rufipes: Coleoptera, Scarabaeidae)의 골프장 기주식물과 방제전략. 최우근. 경상대학교. 2002

진딧물의 포식성 천적 꼬마남생이무당벌레(Propylea japonica Thunberg)
(딱정벌레목: 딱정벌레과)의 생물학적 특성. 이상구. 전북대학교. 2003
진딧물天敵 무당벌레의 分類學的 研究. 농촌진흥청. 1984
철모깍지벌레(Saissetia coffeae)에 대한 애홍점박이무당벌레(Chilocorus kuwanae)의 포식능력. 진혜영, 안태현, 이봉우, 전혜정, 이준석, 박종균, 함은혜. 한국응용곤충학회지. 2015
청동방아벌레(Selatosomus puncticollis Motschulsky)의 생태적 특성 및 감자포장내 유충밀도 조사법. 권민, 박천수, 이승환. 한국응용곤충학회. 2004
춘천지역 무당벌레(Harmoniaaxyridis)의 기생곤충. 박해철, 박용철, 홍옥기, 조세열. 한국곤충학회지. 1996
크로바잎벌레의 생활사 조사 및 피해 해석. 최귀문, 안재영. 농촌진흥청. 1972
큰이십팔점박이무당벌레(Henosepilachna vigintioctomaculata Motschulsky)의 생태적 특성 및 강릉 지역 발생소장. 권민, 김주일, 김점순. 한국응용곤충학회지. 2010
팥바구미(Callosobruchus chinensis) (Coleoptera: Bruchidae) 産卵行動의 生態學的 解析. 천용식. 고려대학교. 1991
한국 남부 표고버섯 및 느타리버섯 재배지에 분포된 해충상에 관한 연구. 김규진, 황창연. 한국응용곤충학회지. 1996
韓國産 Altica屬(딱정벌레目: 잎벌레科: 벼룩잎벌레亞科)의 未成熟段階에 관한 分類學的 研究. 강미현. 안동대학교. 2013
韓國産 Cryptocephalus屬 (딱정벌레目: 잎벌레科: 통잎벌레亞科) 幼蟲의 分類學的 研究. 강승호. 안동대학교. 2014
韓國産 거위벌레科(딱정벌레目)의 系統分類 및 生態學的 研究. 박진영. 안동대학교. 2005
한국산 거저리과의 분류 및 균식성 거저리의 생태 연구. 정부희. 성신여자대학교. 2008
한국산 검정풍뎅이과(딱정벌레목, 풍뎅이상과)의 분류 및 형태 형질에 의한 수염풍뎅이속의 분지분석. 김아영. 성신여자내학교. 2010
한국산 길앞잡이 (딱정벌레목, 딱정벌레과). 김태흥, 백종철, 정규환.

한국산 사슴벌레붙이(딱정벌레목, 사슴벌레붙이과)의 실내발육 특성. 유태희, 김철학, 임종옥, 최익제, 이제현, 변봉규. 한국응용곤충학회 학술대회논문집. 2016
한국산 수시렁이과(딱정벌레목)의 분류학적 연구. 신상언. 성신여자대학교. 2004
한국산 수염잎벌레속(딱정벌레목: 잎벌레과: 잎벌레아과)의 분류 및 생태학적 연구. 조희욱. 안동대학교. 2007
한국산 알물방개아과와 땅콩물방개아과 (딱정벌레목: 물방개과)의 분류학적 연구. 이대현. 충남대학교. 2007
한국산 좀비단벌레족 딱정벌레목 비단벌레과의 분류학적 연구. 김원목. 고려대학교. 2001
한국산 주둥이방아벌레아과 (딱정벌레목: 방아벌레과)의 분류학적 재검토 및 방아벌레과의 분자계통학적 분석. 한태만. 서울대학교. 2013
한국산 줄반날개아과(딱정벌레목: 반날개과)의 분류학적 연구. 이승일. 충남대학교. 2007
한국산 톱보잎벌레붙이속(Lagria Fabricius)(딱정벌레목: 거저리과: 잎벌레붙이아과)에 대한 분류학적 연구. 정부희, 김진일. 한국응용곤충학회지. 2009
한국산 하늘소(천우)과 갑충에 관한 분류학적 연구. 조복성. 대한민국학술원논문집. 1961
한국산 하늘소붙이과 딱정벌레목 거저리상과의 분류학적 연구. 유인성. 성신여자대학교. 2006
韓國產 호리비단벌레屬(딱정벌레目 : 비단벌레科: 호리비단벌레亞科)의 分類學的 硏究. 이준구. 성신여자대학교. 2007
한국산(韓國產) 먼지벌레 족(4). 문창섭, 백종철. 한국토양동물학회지. 2006
한반도 하늘소과 갑충지. 이승모. 국립과학관. 1987
호두나무잎벌레(Gastrolina deperssa)의 형태적 및 생태학석 특성. 장석준, 박일권. 한국응용곤충학회지. 2011
호두나무잎벌레의 생태적 특성에 관한 연구. 이재현. 강원대학교. 2010

저자 소개

그림

옥영관 서울에서 태어났습니다. 어릴 때 살던 동네는 아직 개발이 되지 않아 둘레에 산과 들판이 많았답니다. 그 속에서 마음껏 뛰어놀면서 늘 여러 가지 생물에 호기심을 가지고 자랐습니다. 홍익대학교 미술대학과 대학원에서 회화를 공부하고 작품 활동과 전시회를 여러 번 열었습니다. 또 8년 동안 방송국 애니메이션 동화를 그리기도 했습니다. 2012년부터 딱정벌레, 나비, 잠자리 도감에 들어갈 그림을 그리고 있습니다. 《세밀화로 그린 보리 어린이 잠자리 도감》, 《잠자리 나들이도감》, 《세밀화로 그린 보리 어린이 나비 도감》, 《세밀화로 그린 보리 어린이 딱정벌레 도감》, 《나비 나들이도감》, 《세밀화로 그린 큰도감 나비도감》, 《세밀화로 그린 정부희 선생님 생태 교실》에 그림을 그렸습니다.

글

강태화 한서대학교 생물학과를 졸업하고, 성신여자대학교 생물학과 대학원에서 《한국산 병대벌레과(딱정벌레목)에 대한 계통분류학적 연구》로 박사 학위를 받았습니다. 지금은 전남생물산업진흥원 친환경농생명연구센터에서 곤충을 연구하고 있습니다.

김종현 오랫동안 출판사에서 편집자로 일하다 지금은 여러 가지 도감과 그림책, 옛이야기 글을 쓰고 있습니다. 《세밀화로 그린 보리 어린이 바닷물고기 도감》, 《세밀화로 그린 보리 어린이 잠자리 도감》, 《세밀화로 그린 보리 어린이 나비 도감》 같은 책을 편집했고, 《곡식 채소 나들이도감》, 《약초 도감-세밀화로 그린 보리 큰도감》에 글을 썼습니다. 또 만화책 《바다 아이 창대》, 옛이야기 책 《무서운 옛이야기》, 《꾀보 바보 옛이야기》, 《꿀단지 복단지 옛이야기》에 글을 썼습니다.